高职高专"十二五"规划教材
校 企 合 作 教 材

有机化工生产综合操作与控制

季锦林　石荣荣　主编　　汤立新　主审

化学工业出版社
·北京·

本教材分两部分：第一部分为化工生产操作与控制相关知识，介绍了化工管路的基本知识以及化工生产中所采用的基本测量、控制方法；第二部分以环己烷氧化制环己酮操作与控制为例、以环己烷氧化制环己酮实训装置为参考，从工艺流程的设计出发，通过装置开、停车，负荷调节，故障判断及处理，将岗位的知识、技能和职业素养都嵌于其中，培养学员在有机化工生产中的操作与控制能力，和根据分析、测量仪表提供的信息判断故障原因、排除故障的能力，以及会分析不同岗位的操作参数的相互影响、运用第一部分讲述的基础理论知识解决实际问题的能力。

本教材是经过教师和化工企业一线技术人员共同探讨，从培养学员职业技能出发，根据教学目标设计、开发完成的。适用于高等职业院校化工专业学生、化工企业操作人员的操作技能培训教学。

图书在版编目（CIP）数据

有机化工生产综合操作与控制/季锦林，石荣荣主编．—北京：化学工业出版社，2014.12（2023.2重印）
高职高专"十二五"规划教材　校企合作教材
ISBN 978-7-122-22596-2

Ⅰ.①有… Ⅱ.①季…②石… Ⅲ.①有机化工-化工产品-生产工艺-高等职业教育-教材 Ⅳ.①TQ207

中国版本图书馆CIP数据核字（2014）第300645号

责任编辑：窦　臻　　　　　　　　　　文字编辑：孙凤英
责任校对：王素芹　　　　　　　　　　装帧设计：张　辉

出版发行：化学工业出版社（北京市东城区青年湖南街13号　邮政编码100011）
印　　装：北京虎彩文化传播有限公司
787mm×1092mm　1/16　印张11　字数280千字　2023年2月北京第1版第4次印刷

购书咨询：010-64518888　　　　　　售后服务：010-64518899
网　　址：http://www.cip.com.cn
凡购买本书，如有缺损质量问题，本社销售中心负责调换。

定　价：35.00元　　　　　　　　　　　　　　　　　　　版权所有　违者必究

前言

　　化工综合操作技能培训是化工类专业学生专业知识、能力教学的重要环节，为配合这一环节教学特编写本教材。教材编写坚持"必需、够用"为原则，在编写过程中突出工艺流程解读、控制方案解读、操作规程解读，注重根据分析和测量仪表提供的信息进行综合分析，查找装置故障原因，采取有效措施及时排除故障的能力的训练培养。

　　本教材以环己烷氧化制环己酮实训装置为参考。实训装置流程是经过教师和企业一线骨干技术人员共同探讨，从培养学生职业技能出发，根据教学目标重新设计、开发完成的。

　　本教材分两部分：第一部分为化工生产操作与控制相关知识，介绍了化工管路的基本知识以及化工生产中所采用的基本测量、控制方法；第二部分为环己烷氧化制环己酮操作与控制，以环己烷氧化制环己酮实训装置为参考，从工艺流程出发，将岗位的知识、技能和职业素养都嵌于其中。培养学生会分析不同岗位的重要操作参数及控制手段，岗位之间操作参数的相互影响及运用理论知识解决实际问题的能力。

　　本教材由南京化工职业技术学院教师季锦林、石荣荣主编。第一部分由季锦林、石荣荣编写；第二部分由蒋丽芬、孙海燕、汤立新、石荣荣、季锦林、蔡源、杨宇、林木森编写；全书由汤立新教授主审。

　　本教材的编写在南京化工职业技术学院许宁教授的指导下完成，同时得到了学院领导的大力支持，在此一并表示衷心感谢！

　　由于编者水平有限，书中难免有欠妥之处，希望专家、读者予以批评指正。

编者

2014 年 8 月

目录

第一部分 化工生产操作与控制相关知识

第一章 化工管路基本知识 · 3
- 第一节 带物料衡算工艺流程图（PFD）的识读训练 · 3
- 第二节 带控制点工艺流程图（PID）的识读训练 · 4
- 第三节 轴侧图的识读、绘制训练 · 13
- 第四节 认识化工管路 · 16
- 第五节 认识阀门 · 22
- 第六节 认识蒸汽及冷凝管路系统 · 28
- 第七节 管道布置与安全 · 32

第二章 化工生产中测量与控制简介 · 35

第三章 化工生产中集散控制系统（DCS）简介 · 50

第二部分 环己烷氧化制环己酮操作与控制

第四章 生产原理及工艺特点 · 59
第五章 生产流程说明 · 61
第六章 设备一览表 · 69
第七章 主要操作条件及工艺指标 · 72
第八章 操作规程 · 78
第九章 故障处理案例与分析 · 111

第十章	控制回路和串级控制回路	115
第十一章	工艺报警及联锁系统	118
第十二章	实训装置 PFD 和 PID	125
第十三章	仿真界面图	146

| 附件 | 阀门位号 | 153 |
| | 参考文献 | 167 |

第一部分
化工生产操作与控制相关知识

第一章　化工管路基本知识

生产工艺复杂、流程路线长是化工生产的一个显著特点，生产一个化工产品常需要对流体进行几十甚至几百步加工处理，在这过程中，为了满足工艺条件的要求，常需将流体从低处送至高处，或从低压送至高压，或送至较远的地方，这些都离不开流体输送管路。即使是一个中型的化工装置，也可能具有几十千米甚至上百千米流体输送管路。另外，无论是提高流体的位置或使其压力升高，还是克服流动阻力，都需要对流体做功，向流体提供能量，以增加流体的机械能。这种对流体做功以完成输送任务的机械统称为流体输送机械。向液体提供能量的输送机械称为泵。所以流体输送管路和流体输送机械是化工装置十分重要而基础的设备，流体输送则是化工生产中十分重要而基础的操作。

在化工厂，带物料平衡的工艺流程图（PFD）、带控制点的工艺流程图（PID）、轴侧图和逻辑图简称"四图"，它们是描述化工装置的重要文件资料，通过"四图"可以全面清晰地了解化工装置。

第一节　带物料衡算工艺流程图（PFD）的识读训练

工艺流程图是一种示意性的图样，它以形象的图形、符号、代号表示出化工设备、管路、附件和仪表自控等，以表达一个化工生产过程中物料及能量变化的始末。工艺流程图设计在整个化工设计过程中最先开始，也最后才能完成。图的绘制分为三个阶段进行：先绘制生产工艺流程草图，再绘制物料流程图，后绘制带控制点的工艺流程图。

带物料衡算工艺流程图简称物料流程图（PFD），是在物料衡算和热量衡算的基础上完成的，一般以车间为单位。物料流程图以图形及表格相结合的方式反映物料衡算的结果，其主要内容如下。

① 设备简单的外形图、名称及位号。设备不要求精确绘制。

② 物料表。对物料发生变化的设备，要从物料管线上引线列该处物料表：物料组分名称、物料量、质量分数、摩尔流量及摩尔分数等，每项标出总和，如图1-1所示。

带物料衡算工艺流程图中常用物料代号的规定参见表1-1。

物料流程图的画法：自左至右展开，先画流程图，再标注物料变化引线列表，物料管线用粗实线，主设备、引线等均采用细实线。物料流程图图样参见图 1-2。

名称	kg/h	w	kmol/h	ϕ
乙苯	173.5	98.30%	1.630	98.30%
对二甲苯	1.0	0.7%	0.009	0.57%
间二甲苯	2.0	1.00%	0.019	1.13%
邻二甲苯	0	0	0	0
合计	176.5	1.0	1.658	1.0

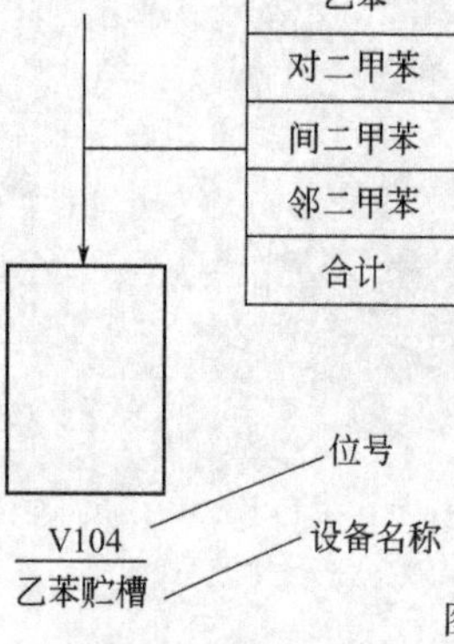

图 1-1　物料流程图部分内容

表 1-1　PFD 中常用物料代号的规定

物料代号	物料名称	物料代号	物料名称	物料代号	物料名称	物料代号	物料名称
AR	空气	DW	饮用水、生活用水	L$\overline{O}$	润滑油	R	冷冻剂
AM	氨	F	火炬排放	LS	低压蒸汽	R$\overline{O}$	原料油
BD	排污	FG	燃料气	MS	中压蒸汽	RW	原水
BW	锅炉给水	F$\overline{O}$	燃料油	NG	天然气	SC	蒸汽冷凝水
BR	冷冻盐水（回）	FS	熔盐	N$\overline{O}$	氮	SL	泥浆
BS	冷冻盐水（供）	G$\overline{O}$	填料油	$\overline{O}$	氧	S$\overline{O}$	密封油
CA	压缩空气	HM	载热体	PS	工艺固体	SW	软水
CS	化学污水	HWR	热水（回）	PA	工艺空气	TS	伴热蒸汽
CWS	循环冷却水（供）	HWS	热水（供）	PG	工艺气体	V	放空气
CWR	循环冷却水（回）	HS	高压蒸汽	PL	工艺液体	VA	真空排放气
DR	排液、排水	IA	仪表空气	PW	工艺水		

注：为避免与数字 0 的混淆，规定物料代号中如遇到英文字母 "O" 应写成 "$\overline{O}$"。

第二节　带控制点工艺流程图（PID）的识读训练

一、带控制点工艺流程图（PID）首页图的识读训练

在工艺设计施工图中，将所采用的部分规定，以图表形式制成首页图，以便于识图和更好地使用各设计文件，首页图包括如下内容。

① 管道及仪表流程图中所采用的图例、符号、设备位号、物料代号和管道编号等。

② 装置及主项的代号和编号。

③ 自控（仪表）专业在工艺过程中所采用的检测和控制系统的图例、符号、代号等。

④ 其他有关需要说明的事项。

首页图样式参见图 1-3。

二、带控制点工艺流程图（PID）的识读训练

带控制点工艺流程图（又叫 PID），是在 PFD 的基础上，更详细地表达工艺过程，并将所有的仪表及控制回路，设备主要指标及工艺管道标在图上。PID 较全面地反映了特定的化工生产过程。

1. 带控制点工艺流程的内容

① 工艺设备一览表所列设备。

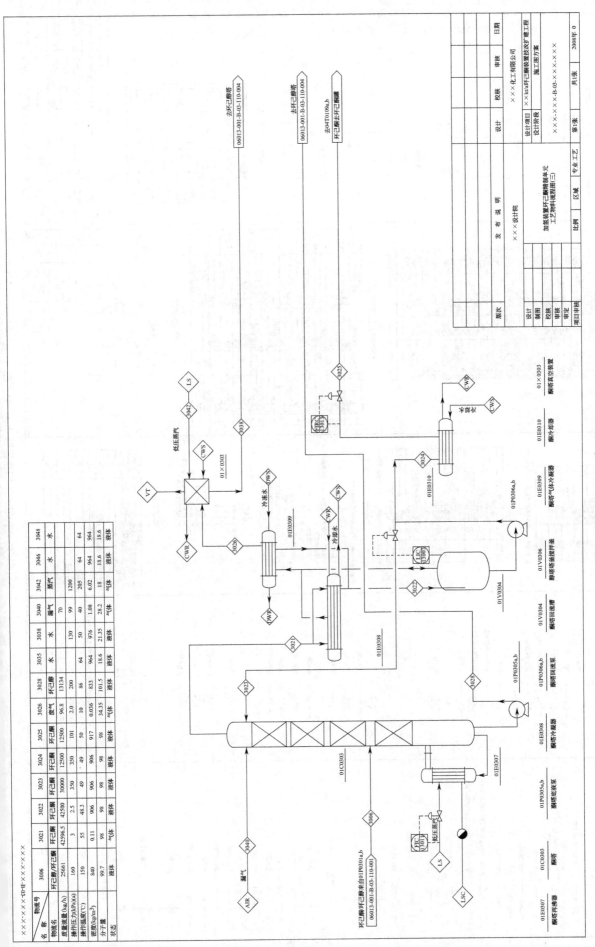

图1-2 带物料衡算工艺流程图(PFD)

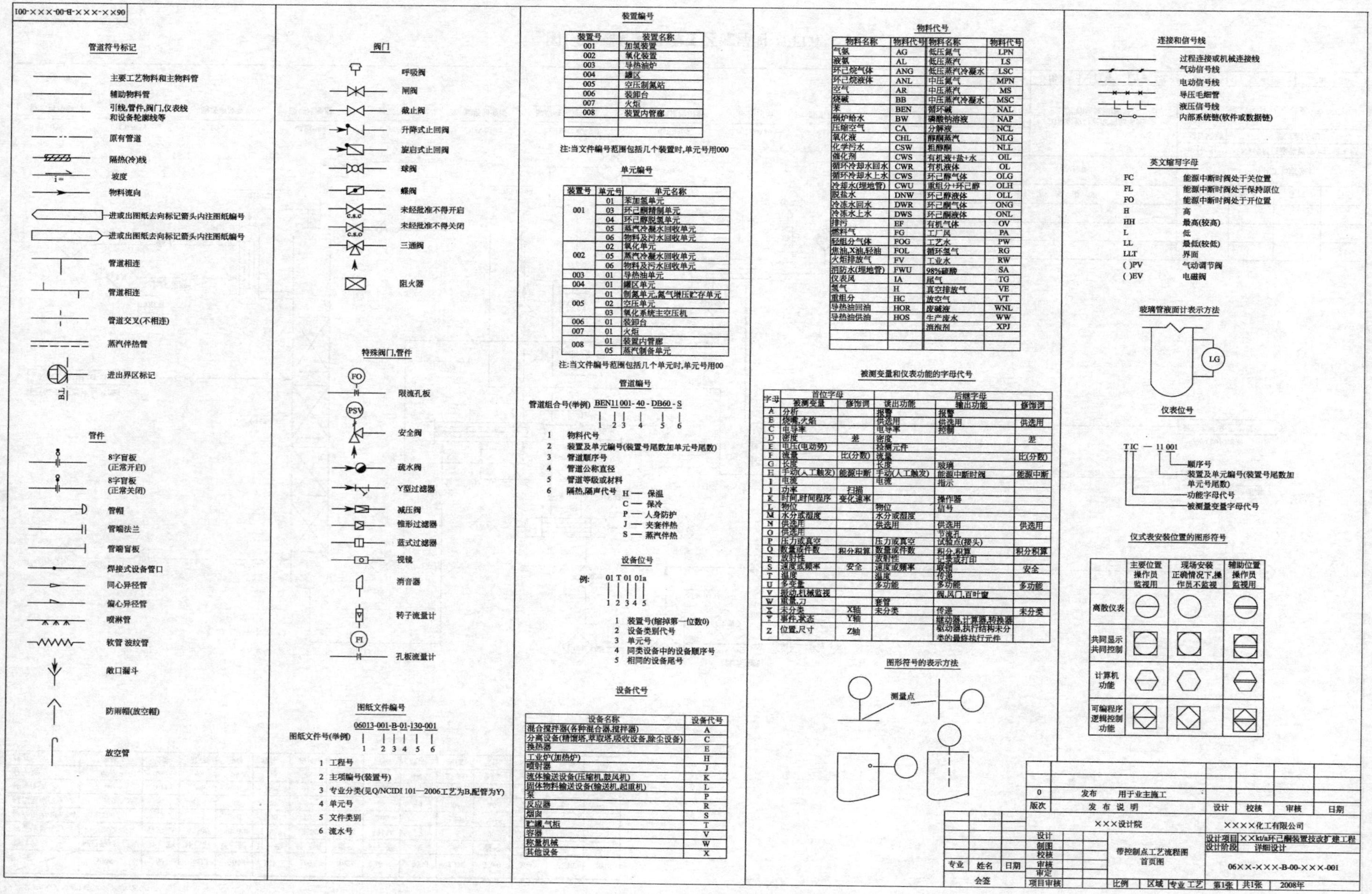

图1-3 带控制点工艺流程图(PID)首页图

② 所有的工艺管道，包括阀门、管件、管道附件等，并标注出所有的管段号及管径、管材、保温情况等。

③ 标注出所有的检测仪表、调节控制系统、分析取样系统。

④ 对成套设备或机组在带控制点工艺流程图中以双点划线框图表示制造厂的供货范围，仅注明外围与之配套的设备、管线衔接关系。

⑤ 对于在工艺中有特殊要求的要在带控制点工艺流程图中表示。

⑥ 对于管道代号、图例、管线编号说明、物料代号、设备位号、装置代号、仪表功能字母及被测变量代号等需附注或说明。

⑦ 图签包括设计单位名称、工程项目名称、设计阶段、设计项目、专业、比例、图名等。

2. 带控制点工艺流程图的表达

一般以主项、工段或工序为单位绘制，大的主项可按生产过程分别绘制。图幅一般采用A1图幅，特别简单的可采用A2图幅，不宜加长加宽。

绘制工艺流程图时，设备及工序方块轮廓线用细实线，并标注设备名称和代号，主要物料线用粗实线，辅助物料用中粗线，并对物料的流向用箭头表示。

（1）设备的表示

用细实线画设备图形，应尽可能按其实际外形和内部结构特征绘制。对于外形甚大（如气柜、工业炉、大型贮罐等）或甚小（如设备附件、仪表阀门等）的设备，其大小则可以绘制得灵活一些，但切忌将小设备画得比大设备还大。对于很小的附件（如管件、阀门）尽可能用模板画出，大小一致，整齐美观。设备上所有管口均应画出。接口的上下位置应基本符合生产中实际布置的位置。

根据流程由左向右依次画出工艺流程图，设备排列顺序、上下位置应符合实际生产过程，力求整齐、布置均匀。设备之间有足够的距离用来绘制管线及控制仪表。有多层建筑时，先画出地平线，并在两端加少许泥土剖面线。各层建筑物楼板和操作台用细实线表示，并注明标高。流程图上的管线尽量反映出相对高度。较高的设备（如塔、烟囱等）在图面上容纳不下时，可用断裂线截断画出。泵类画在地平线上，水平排列成一行。

一般在工艺流程图中应画出全部工艺设备及附件，但两套以上相同系统或两个以上相同的设备，允许只画一套，被省略部分的系统、设备，则需用双点划线绘出矩形框表示。框内注明该设备的位号、名称，并绘出引至该套系统的一段支管。

（2）管路的表示

主物料管线一般为粗实线，辅助物料线一般为细实线。

绘制工艺管道及辅助管道时应注意以下几项：

① 为使图面美观，应考虑好图中所有总管必须布局得体，管线应尽量避免交叉。

② 所有管线均不能横穿设备。

③ 管线交叉时一般遵循次要物料管线让主物料管线（即次要物料管道在交叉处断开），辅助物料管道让次要物料管道；当同类物料管道交叉时尽量统一做法即全部横让竖或竖让横。

④ 绘制管线时，要预先考虑好设备位号、管线号、仪表及取样点位置的预留，以免在标注时造成返工。

⑤ 为保证图面整洁，制图时所有管线先用细实线表示，等图纸标注结束后，再对主物料、辅助物料管线进行加深。

⑥ 管线及附件的画法按照一定规范进行。参见表1-2。

表 1-2　管道及仪表流程图的管道图例 (HG 20519.32—1992)

名　称	图　例	名　称	图　例
主要物料管道		电伴热管道	
辅助物料管道		夹套管	
原有管道		柔性管	
伴热(冷)管道		喷淋管	

（3）阀门与管件的表示

工艺流程图中，用细实线画出所有的阀门和部分管件（如视镜、阻火器、异径管、盲板等）的符号。常见阀门符号见表1-3。

管件中的一般连接件，如法兰、三通、弯头等，若无特殊需要可以不画。竖管上的阀门应大致符合实际高度。

表 1-3　常用管件与阀门的图示方法（摘自 HG 20519.37—1992）

名　称	符　号	名　称	符　号
截止阀		放空帽(管)	
闸阀		阻火器	
旋塞阀		同心异径管	
球阀		偏心异径管	
减压阀		文氏管	
隔膜阀		疏水器	

注：阀门图例尺寸一般为长6mm，宽3mm，或长8mm，宽4mm。

（4）绘出和标注全部与工艺有关的测量仪表、调节控制系统、分析取样点和取样阀

工艺流程图包含全部计量仪表（温度计、压力计、真空计、转子流量计、液面计等）及其测量点，并且表示出全部自动控制方案。这些方案包括被测参数（温度、压力、流量、液位等）、检测点及测量元件（孔板、热电偶等）、变送装置（差压变送器等）、调节仪表（各种调节阀）及执行机构（启动薄膜调节阀等）。测量仪表相关知识在第二章详细阐述。

仪表控制点以细实线在相应管道上用符号画出，符号包括图形符号和字母代号，它们组合起来表达工业仪表所处理的被测量变量和功能。仪表的图形符号是一个细实线圆圈，直径约10mm。讯号线用虚线（ ------- ）来表示，亦可在讯号线上加箭头，表示讯号流动方向。参见表1-4。

表 1-4　仪表图符说明

使用地点	表　示　符　号
就地	
控制室	

续表

使用地点	表 示 符 号
就地控制室	⊖ 或 ⊂⊃
控制室PLC	⬡
控制室DCS	▭

(5) 设备位号、管段号及仪表的标注

设备位号：工艺流程图中，所有工艺设备都要有一个位号。设备位号由设备分类代号、主项代号、设备顺序号等组成（如"FA7502"）。常用设备分类代号参见表1-5。如数量不止一台而仅画出一台时，则在位号中注全，如DA702A～C。如需注出名称，则需注写在水平线（标注线、设备位号线，一般为0.6mm的粗实线）下方，并要反映出设备的用途。

设备标注：由设备位号、设备名称及设备标注线组成，具体说明如图1-4所示。

表1-5　常用设备分类代号

序号	类别	代号	序号	类别	代号
1	塔	T	7	火炬、烟囱	S
2	泵	P	8	容器（槽、罐）	V
3	压缩机、风机	C	9	起重、运输设备	L
4	换热器	E	10	计量设备	W
5	反应器、转化器	R	11	其他机械	M
6	工业炉	F	12	其他设备	X

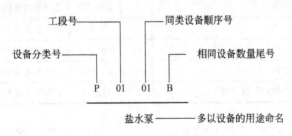

图1-4　设备标注

设备的位号、名称一般标注在相应设备的图形上方或下方，即在图纸的上端及下端两处，横向基本排成一行。必要时在设备图形旁边还应标注设备位号（不注名称）。

标注设备位号时应注意以下事项：设备顺序号为同类设备的顺序号，而不是所有设备的顺序号；相同设备是指其设备用途相同，在工艺流程图中并联使用的设备。

管道标注：每段管道都应有相应的标注，一般横向管线标注在管线的上方，竖向管线则标注在管线的左方，必要时也可用指引线引出标注。

本流程与其他流程图连接的物料管道（也即本图的始端和末端），应引至近图框处。与其他主项连接者，在管道端部画一个由粗实线构成的30mm×6mm的矩形框，框中写明接续图的图号，上方注明物料来向或去向的设备位号或管段号。参见图1-5。

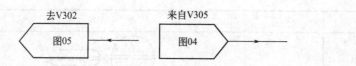

图1-5 与其他流程图连接的物料管道

标注内容应包括三个组成部分,即管道号、管径和管道等级,前两项为一组,其间用一短横线隔开,管道等级以及隔热和隔声为另一组,组间应留适当空隙,总称管道位号。管道压力等级及相应压力参见表1-6。管道材质代号参见表1-7。隔热或隔声代号参见表1-8。管道标注示例见图1-6、图1-7。

表1-6 管道压力等级及相应压力(摘自 HG 20519.37—1992)

管道公称压力等级									
压力等级(用于 ANSI 标准)				压力等级(用于国内标准)					
代号	公称压力	代号	公称压力	代号	公称压力	代号	公称压力	代号	公称压力
A	150LB	E	900LB	L	1.0MPa	Q	6.4MPa	U	22.0MPa
B	300LB	F	1500LB	M	1.6MPa	R	10.0MPa	V	25.0MPa
C	400LB	G	2500LB	N	2.5MPa	S	16.0MPa	W	32.0MPa
D	600LB			P	4.0MPa	T	20.0MPa		

表1-7 管道材质代号

管路材质代号	A	B	C	D	E	F	G	H
材质	铸铁	碳钢	普通低合金钢	合金钢	不锈钢	有色金属	非金属	衬里及内防腐

表1-8 隔热及隔声代号

代号	功能类型	备注	代号	功能类型	备注
H	保温	采用保温材料	S	蒸汽伴热	采用蒸汽伴热管和保温材料
C	保冷	采用保冷材料	W	热水伴热	采用热水伴热管和保温材料
P	人身防护	采用保温材料	O	热油伴热	采用热油伴热管和保温材料
D	防结霜	采用保冷材料	J	夹套伴热	采用夹套管和保温材料
E	电伴热	采用电加热带和保温材料	N	隔声	采用隔声材料

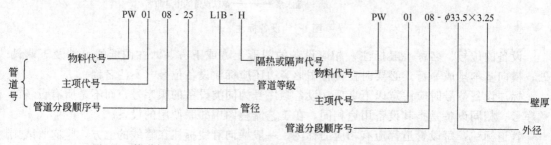

图1-6 管道标注1　　　　　图1-7 管道标注2

仪表位号的编注:仪表位号由字母代号和阿拉伯数字编号组成。仪表位号中第一位字母表示被测变量,后继字母表示仪表的功能。常用字母代号及含义参见表1-9,字母组合意义参见表1-10。阀门或仪表标注中执行机构代号参加表1-11。

按工段编制的数字编号,包括工段号和回路顺序号,一般用三四位阿拉伯数字表示,如图 1-8 所示。若按装置编制的编号,只有回路顺序号。

表 1-9　常用字母代号及含义

字母	第一位字母		后续字母	字母	第一位字母		后续字母
	被测变量	修饰词	功能		被测变量	修饰词	功能
A	分析		报警	P	压力或真空		连接点、测试点
C	电导率		控制	Q	数量或件数	累计、积算	
D	密度	差		R	核辐射		记录
E	电压		检测元件	S	速度、频率	安全	开关、联锁
F	流量	比		T	温度		传送
H	手动		(高)	V	振动、机械监视		阀、风门
I	电流		指示	W	重量、力		套管
K	时间、时间程序	变化速率	自动/手动操作器	Y	事件、动态	Y轴	继动器、计算器、转换器
L	物位		灯(低)	Z	位置、尺寸	Z轴	驱动器、执行元件
M	水分/湿度		(中)				

表 1-10　被测变量及仪表功能字母组合示例

被测变量/仪表功能	温度 T	温差 TD	压力 P	压差 PD	流量 F	物位 L	分析 A	密度 D	未分类的量 X
指示 I	TI	TDI	PI	PDI	FI	LI	AI	DI	XI
记录 R	TR	TDR	PR	PDR	FR	LR	AR	DR	XR
控制 C	TC	TDC	PC	PDC	FC	LC	AC	DC	XC
变送 T	TT	TDT	PT	PDT	FT	LT	AT	DT	XT
报警 A	TA	TDA	PA	PDA	FA	LA	AA	DA	XA
开关 S	TS	TDS	PS	PDS	FS	LS	AS	DS	XS
指示控制	TIC	TDIC	PIC	PDIC	FIC	LIC	AIC	DIC	XIC
指示开关	TIS	TDIS	PIS	PDIS	FIS	LIS	AIS	DIS	XIS
记录报警	TRA	TDRA	PRA	PDRA	FRA	LRA	ARA	DRA	XRA
控制变送	TCT	TDCT	PCT	PDCT	FCT	LCT	ACT	DCT	XCT

表 1-11　执行机构代号

符　号	执行机构形式	符　号	执行机构形式
P	气动式	M	电动式
S	电磁式	F	液压式
H	手动式	组合	复合式

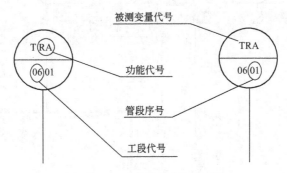

图 1-8　仪表位号标注

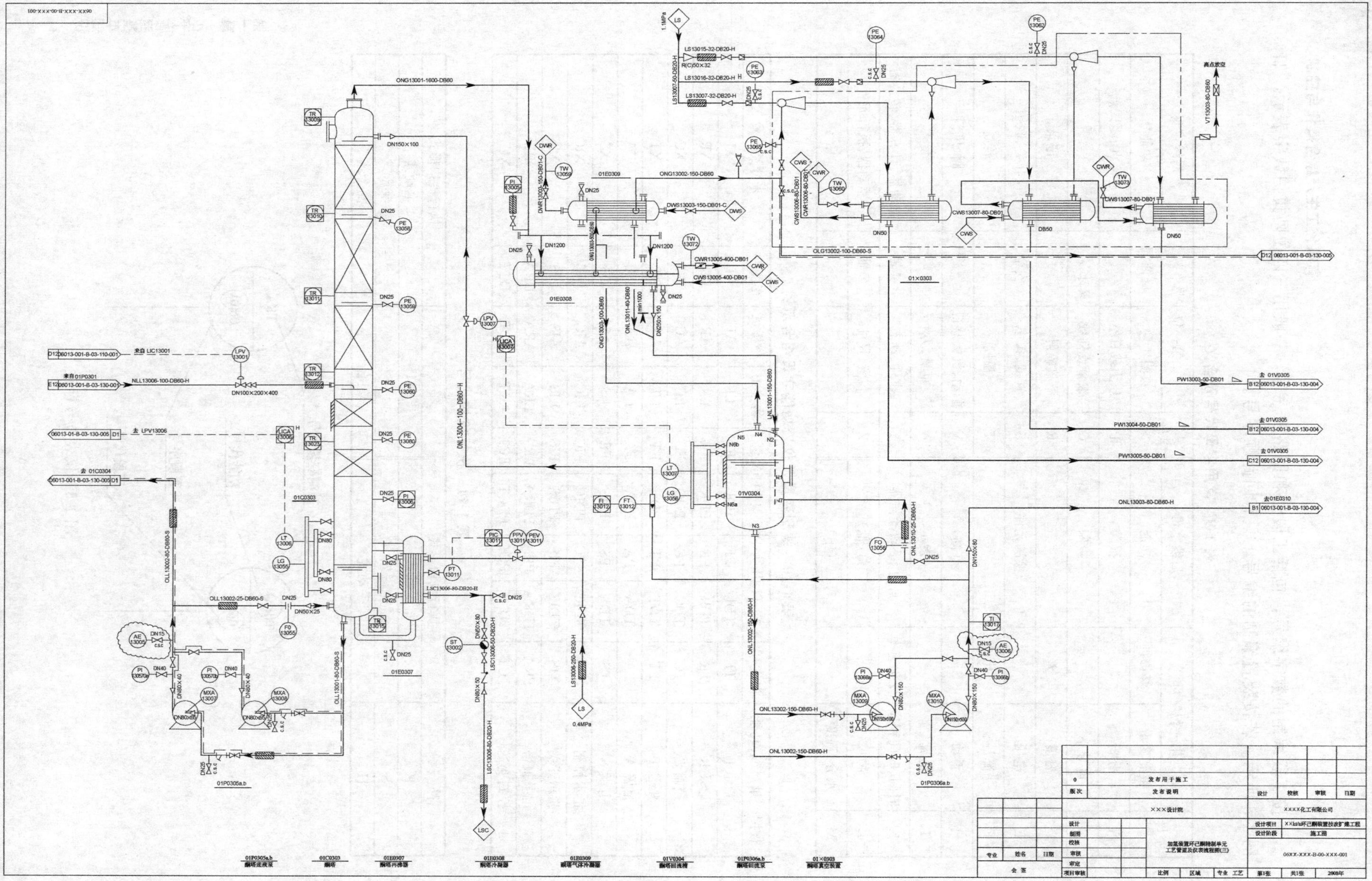

图1-9 带控制点工艺流程图（PID）

（6）图例及说明

图纸绘制及标注完毕，就在图的右侧把图中所涉及的管道、管件、阀门、物料、仪表符号等图例绘制出来。对于较复杂的或由几张工艺流程图组成的工程设计，应将以上内容单独绘制成首页图。

最后，填写图签内容，包括图名、工程名称、设计项目、图号等。

3. 工艺流程图的识读及注意事项

识读带控制点的工艺流程图的主要目的是了解和掌握物料介质的工艺流程，设备的数量、名称和设备代号，所有管线的管段号、物料介质、管道规格、管道材质，管件、阀件及控制点（包括测压点、测温点、流量、分析点）的部位和名称及自动控制系统，与工艺设备有关的辅助物料（水、汽）的使用情况。以便在检修和工艺操作实践中，做到心中有数。

① 首先了解工艺流程中主要设备或装置形式、物料走向，原材料、辅助材料、主产品、副产品的情况。

② 了解物料进入各装置、工序或设备前后的组成、流量、温度、压力、状态的变化情况，了解需要的水、蒸汽、空气、燃气等动力材料的品质要求，正常或最大、最小使用量及使用后的特性、去向等。

工艺流程图中有时将同类型设备只画一台，表示通过这类设备的物料，而不能表明设备的数量。

带控制点的工艺流程图（PID）示例参见图1-9。

第三节 轴侧图的识读、绘制训练

一、轴侧图的识读方法

阅读轴侧图的目的是通过图纸了解该工程设计的设计意图，并弄清楚管道、管件、阀门仪表控制点及管架等在装置中的具体布置情况。在阅读轴侧图之前，应从带控制点的工艺流程图中，初步了解生产工艺过程和流程中的设备。管道的配置情况和规格型号，从设备布置图中了解厂房建筑的大致构造和各个设备的具体位置及管口方位。读图时建议按照下列步骤进行，可以获得事半功倍的效果。

1. 概括了解

首先要了解视图关系，了解平面图的分区情况，平面图、立面剖视图的数量及配置情况，在此基础上进一步弄清各立面剖视图在平面图上剖切位置及各个视图之间的关系。注意轴侧图样的类型、数量、有关管段图、管件图及管架图等。

2. 详细分析，看懂管道的来龙去脉

① 对照带控制点的工艺流程图，按流程顺序，根据管道编号，逐条弄清楚各管道的起始设备和终点设备及其管口。

② 从起点设备开始，找出这些设备所在标高平面的平面图及有关的立面剖（向）视图，然后根据投影关系和管道表达方法，逐条地弄清楚管道的来龙去脉、转弯和分支情况，具体安装位置及管件、阀门、仪表控制点及管架等的布置情况。

③ 分析图中的定位尺寸和标高，结合前面的分析，明确从起点设备到终点设备的管口，中间是如何用管道连接起来形成管道布置体系的。

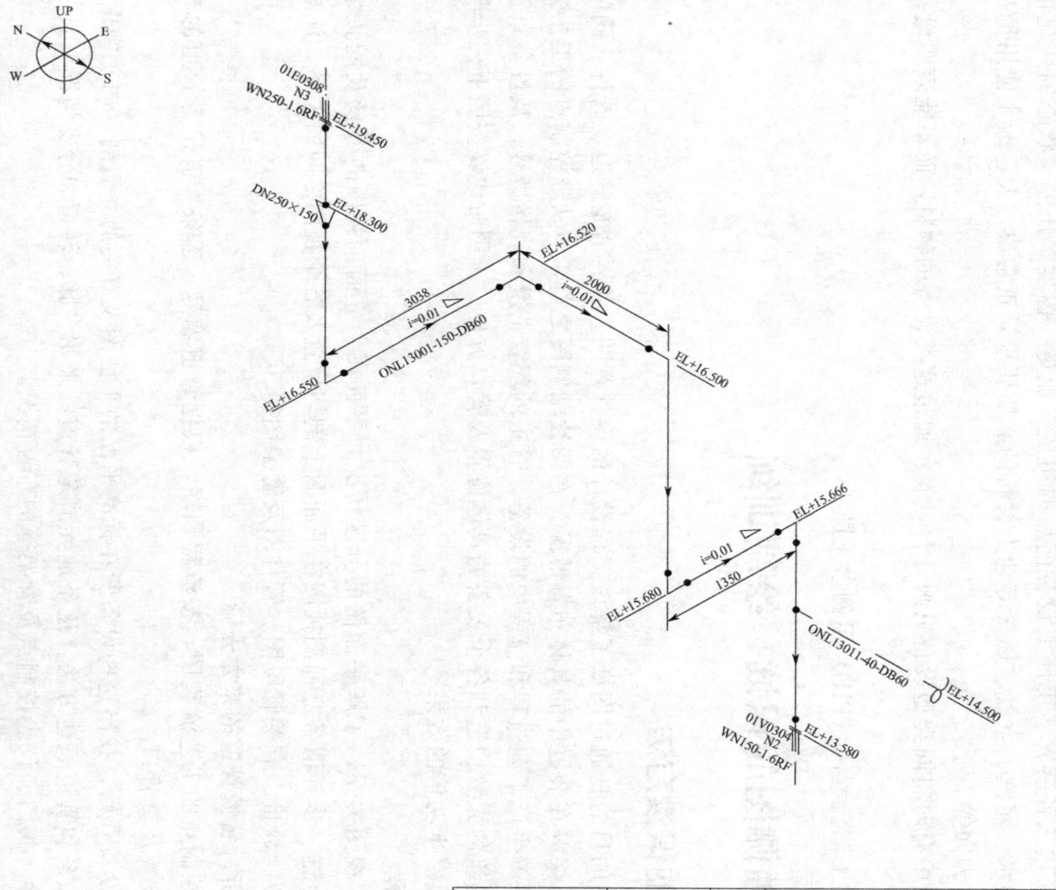

图 1-10 轴测图 1

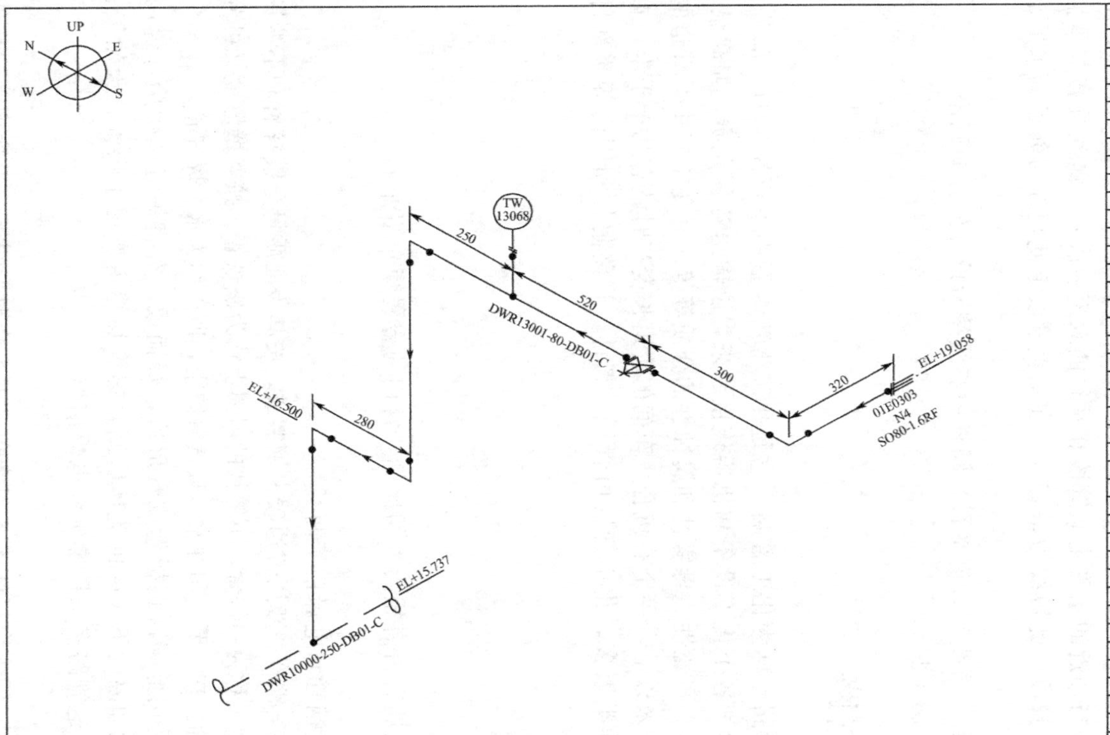

有机化工生产综合操作与控制

名称	规格	材料	数量(个)	图号或标准号
无缝钢管	φ32×3	20	0.2m	GB/T 8163
无缝钢管	φ89×4.0	20	5.0m	GB/T 8163
对焊法兰	WN25(B)-2.5 RF S=3	20	1	HG 20592(B)
平焊法兰	SO80(B)-1.6 RF	20	3	HG 20592(B)
双头螺柱	M12×70	35CrMoA	4	HG 20613
六角头螺栓	M16×70	8.8级	24	GB/T 5782
六角螺母	M12	30CrMo	8	HG 20613
六角螺母	M16	8级	24	GB/T 6170
橡胶垫片	RF25-2.5	合成纤维	1	HG 20606
橡胶垫片	RF80-1.6	NR	3	HG 20606
闸阀	DN80 PN1.6	WCB	1	Z41H-16C-2
90°弯头	DN80×4.0	20	4	GB/T 12459(II)
柔插焊半管接头	DN25×4.5	20		GB/T 14383(B)

设计项目	×××化工有限公司
设计阶段	×××kt/a苯乙酮装置技改扩建工程
	06×××-×××-Y-03-×××-DWR001
	第1张　共1张　2008年

起点:	01E0303	×××设计院	加氢装置管道轴测图
终点:	TW13068		DWR13001-80-DB01-C
管道及仪表流程图图号		设计	制图	比例
管道布置图图号	DWR13001-80-DB01-C	校核		区域
设计温度℃	30			专业 工艺
设计压力 MPa	0.7			
操作温度℃	6			
操作压力 MPa	0.25			
隔热型式	C			
隔热厚度 mm	30			

图 1-11 轴测图 2

| 版次 | 发布说明 | 设计 | 校核 | 审核 | 日期 |
| 0 | 发布用于施工 | | | | |

二、轴侧图的绘制

国外的化工工程公司或建设单位习惯用轴侧图的方法表示管道布置。运用 Win-PDA 软件可在三维管道模型的基础上自动生成轴侧图。在主控制菜单中选择管道轴侧图功能块，在三维管道布置模型图中点选某根管道，软件自动生成该管道的单管轴侧图轴测图。Win-PDA2001 软件自动生成的轴侧图的图面表示与国际通用的表示一致，其规定如下：

① 轴侧图按正等轴投影绘制，管道的走向按方向标的规定，这个方向标的北（N）向与规定布置图上的方向标的北向应保持一致。轴侧图在标准图纸上打印，图侧附有材料表。对所选用的标准件的材料，应符合管道等级和材料选用表的规定。

② 轴侧图不必按比例绘制，但各种阀门、管件之间的比例在管段中的位置的相对比例均要协调，应清楚地表示它紧接弯头而离三通较远。

③ 管道一律用单线表示，在管道的适当位置上画流向箭头。管道号和管径注在管道的上方。水平向管道的标高"EL"注在管道的下方。

④ 管道上的环焊缝以圆点或线段表示。水平走向的管段中的法兰以垂直双短线表示，垂直走向管段中的法兰一般是与邻近的水平走向管段相平行的双短线表示。螺纹连接与承插焊连接均用短线表示，在水平管段上此短线为垂直线，在垂直管段上此短线与邻近的水平走向的管段相平行。

⑤ 阀门的手轮用短线表示，短线与管道平行。阀杆中心线按所设计的方向画出。

轴侧图示例参见图 1-10、图 1-11。

第四节　认识化工管路

化工生产中所用的各种管路总称为化工管路，它是化工生产装置中不可缺少的一部分。化工管路的功用是按工艺流程把各个化工设备和机器连接起来，以输送各种介质，如高温、高压、低温、低压、有爆炸性、可燃性、毒害性和腐蚀性的介质等等。在化工厂中，管道的总长有几千米，甚至在几百千米以上，一个有机合成车间的管道长度有时就有几十千米，重量有几百吨，因此化工管路种类繁多。化工管路由管子、管件、管路附件和阀门等零部件组成。

一、化工用管的种类

（一）金属管

在石油、化工生产中，金属管占有相当大的比例，常用的金属管介绍如下。

（1）有缝钢管

有缝钢管可分为水、煤气钢管和电焊钢管两类。

① 水、煤气钢管。水、煤气钢管一般用普通碳素钢制成，按其表面质量分镀锌管和不镀锌管两种。镀锌的水、煤气管习惯上称为白铁管，不镀锌的习惯上称为黑铁管。按管壁厚度又可分为普通的、加厚的和薄壁的三种。它主要应用在水、煤气管路上，所以称为水、煤气管。

② 电焊钢管。电焊钢管是用低碳薄钢板卷成管形后电焊而成。有直焊缝和螺旋焊缝两种。直焊缝主要用于压力不大和温度不太高的流体管路，螺旋焊缝主要用于煤气、天然气、冷凝水管路。近些年来石油输送管路多采用螺旋缝电焊钢管。

（2）无缝钢管

无缝钢管按制造方法不同，可分为热轧无缝钢管和冷拔无缝钢管两类。无缝钢管的品种和规格很多，根据它的材质、化学成分和力学性能以及它的用途，又可分为普通无缝钢管、石油裂化用无缝钢管、化肥用高压无缝钢管、锅炉用高压无缝钢管、不锈耐酸无缝钢管等等。无缝钢管强度高，主要用在高压和较高温度的管路上或作为换热器和锅炉的加热管。在酸、碱强腐蚀性介质管路上，可采用不锈耐酸无缝钢管。

(3) 铸铁管

铸铁管可分为普通铸铁管和硅铁管两种。

① 普通铸铁管。普通铸铁管是用灰铸铁铸造而成的，主要用于埋在地下的给水总管、煤气总管、污水管等，它对泥土、酸、碱具有较好的耐腐蚀性能。但它的强度低、脆性大，所以不能用于压力较高或有毒、爆炸性介质的管路上。

② 硅铁管。硅铁管可分为高硅铁管和抗氯硅铁管两种。高硅铁管能抵抗多种强酸的腐蚀，它的硬度高，不易加工，受振动和冲击易碎。抗氯硅铁管主要是能够抵抗各种温度和浓度盐酸的腐蚀。

(4) 紫铜管和黄铜管

主要用于制造换热器或低温设备，因为它的热导率大，低温时力学性能好，所以深度冷冻和空分设备中使用广泛。拉制紫铜管的外径最大为360mm，挤制的最大外径为280mm，管壁厚5～30mm，管长1～6m。当工作温度高于523K时，紫铜管和黄铜管都不宜在介质压力作用下使用。但在低温时它确有较好的力学性能，因此深度冷冻的管路则采用紫铜管或黄铜管。

(5) 铝管

铝管有纯铝管和铝合金管两种，主要用于浓硝酸、醋酸、蚁酸等的输送管路上，它们不耐碱的腐蚀。工作温度高于433K时，不宜用于压力管路。

(6) 铅管

铅管质软、相对密度大，加入8%～10%的锑可制成硬铅管，它能耐硫酸腐蚀，所以主要用于硫酸管路上。但是在安装时，管外壁必须有支护的托架，并且支承装置的间距不能太大，以防管子由于自重下坠而变形。

(二) 非金属管

(1) 塑料管

常用的塑料管为硬聚氯乙烯塑料管，它是以聚氯乙烯为原料，加入增塑剂、稳定剂、润滑剂等制成的，是一种热塑性塑料管，易于加工成型，加热到403～413K时即成柔软状态，利用不同形状的模具便可压制成各种零件。它具有可焊性，当加热到473～523K时，即变为熔融状态，用聚氯乙烯焊条就能将它焊接，操作比较容易，冷却后能保持一定强度。硬聚氯乙烯管可用在压力p为0.49～0.588MPa和温度为263～313K的管路上，耐酸、碱的腐蚀性能较好。

(2) 玻璃钢管

玻璃钢管是以玻璃纤维及其制品（玻璃布、玻璃带、玻璃毡）为增强材料，以合成树脂（如环氧树脂、呋喃树脂、聚酯树脂等）为黏结剂，经过一定的成型工艺制作而成的。主要用于酸、碱腐蚀性介质的管路。但不能耐氢氟酸、浓硝酸、浓硫酸等的腐蚀。

(3) 耐酸陶瓷管

耐酸陶瓷管的耐腐蚀性能很好，除氢氟酸外，输送其他腐蚀性物料均可采用它，但它承压能力低，性脆易碎，只能采用承插式连接或将管端做出凸缘用活套法兰进行连接。

(4) 橡胶管

橡胶管的特点是能耐酸、碱腐蚀，但不能耐硝酸、有机酸和石油产品。由于是软管，一般不用于永久性连接，而是用于临时性连接和挠性连接，例如与液体运输槽车、轮船的管道连接，煤气管、水管的连接等。现在，聚氯乙烯软管已经在许多场合取代了橡胶管。

二、管件

化工管路除了采用焊接的方法连接外，一般均采用管件连接，如改变管路的方向和管径大小以及管路的分支和汇合，都必须依靠管件来实现。管件的种类和规格很多，按其材质和用途可分为三种类型，即水、煤气管件，电焊钢管和无缝钢管及有色金属管件，铸铁管件。

（1）水、煤气管件

水、煤气管件通常采用"可锻铸铁"（白口铁经可锻化热处理）制造而成，要求较高时也可采用铸钢制作。水、煤气管件都有标准，通常在市场上直接购买使用。例如直通（管接头）、弯头、三通、堵头、活接头等，详见表1-12。

表1-12 水、煤气管件的种类与用途

种类	用途	种类	用途
内螺纹管接头	俗称内牙管、管箍、束节、管接头、死接头等。用以连接两段公称直径相同的管子	异径三通	俗称中小天。可以由管中接出支管，改变管路方向和连接三段公称直径相同的管子
外螺纹管接头	俗称外牙管、外螺纹短接、外丝扣、外接头、双头丝对管等。用于连接两个公称直径相同的具有内螺纹的管件	等径三通	俗称T形管。用于接出支管，改变管路方向和连接三段公称直径相同的管子
活管接头	俗称活接头、由壬等。用以连接两段公称直径相同的管子	等径四通	俗称十字管。可以连接四段公称直径相同的管子
异径管	俗称大小头。可以连接两段公称直径不相同的管子	异径四通	俗称大小十字管。用以连接四段具有两种公称直径的管子
内外螺纹管接头	俗称内外牙管、补心等。用以连接一个公称直径较大的内螺纹的管件和一段公称直径较小的管子	外方堵头	俗称管塞、丝堵、堵头等。用以封闭管路
等径弯头	俗称弯头、肘管等。用以改变管路方向和连接两段公称直径相同的管子，它可分40°和90°两种	管帽	俗称闷头。用以封闭管路
异径弯头	俗称大小弯头。用以改变管路方向和连接两段公称直径不同的管子	锁紧螺母	俗称背帽、根母等。它与内牙管联用，可以看得到的可拆接头

(2) 电焊钢管、无缝钢管和有色金属管的管件

这类管件包括弯头、法兰和垫片、螺栓等。

弯头有压制弯头和焊制弯头两种，目前多数情况采用压制弯头。对于大直径的中低压管没有压制弯头，则采用焊制弯头，俗称虾米腰，一般是在安装现场焊制。

(3) 铸铁管件

铸铁管件有弯头、三通、四通、异径管等。多数采用承插或法兰连接，高硅铸铁管因易碎常将管端制成凸缘，用对开松套法兰连接。

(4) 其他管件

包括使用渐多的塑料管件，特殊场合才使用的耐酸陶瓷管件等。

三、化工管路的连接

管件的用途是连接管路，为了方便对各种不同压力和管径的管路进行连接，需要有一个共同遵守的准则。长期实践应用下来，形成了我国化工管路压力和直径的标准系列，这就是公称压力和公称直径，详见表1-13和表1-14。化工管路中的管子、管件、阀门等构件，都有各自所适用的公称压力和公称直径，要按照公称压力和公称直径进行选用。

表1-13 管子、管件的公称压力　　　　　　　　　　　　　　　　单位：MPa

0.05	1.00	6.30	28.00	100.00
0.10	1.60	10.00	32.00	125.00
0.25	2.00	15.00	42.00	160.00
0.40	2.50	16.00	50.00	200.00
0.60	4.00	20.00	63.00	250.00
0.80	5.00	25.00	80.00	335.00

表1-14 管子、管件的公称直径

公称直径 DN/mm															
1	4	8	20	40	80	150	225	350	500	800	1100	1400	1800	2400	3000	3600
2	5	10	25	50	100	175	250	400	600	900	1200	1500	2000	2600	3200	3800
3	6	15	32	65	125	200	300	450	700	1000	1300	1600	2200	2800	3400	4000

(一) 化工管路的公称压力和公称直径

(1) 公称压力

公称压力用字符 PN 加数值来表示，例如 $PN1.6$ 表示公称压力为 1.6MPa。管路实际工作时的最高工作压力应小于等于公称压力，才能保证安全。其中碳钢材料管路构件在不同温度下允许的最高工作压力见表1-15（表中的试验压力是用实验来检验其强度和密封性时使用的压力）。

表1-15 碳钢管子、管件的公称压力和不同温度下的最大工作压力

公称压力 /MPa	试验压力 （用低于100℃ 的水）/MPa	介质工作温度/℃						
		200	250	300	350	400	425	450
		最大工作压力/MPa						
		$p20$	$p25$	$p30$	$p35$	$p40$	$p42$	$p45$
0.10	0.20	0.10	0.10	0.10	0.07	0.06	0.06	0.05
0.25	0.40	0.25	0.23	0.20	0.18	0.16	0.14	0.11

续表

公称压力 /MPa	试验压力（用低于100℃的水）/MPa	介质工作温度/℃						
		200	250	300	350	400	425	450
		最大工作压力/MPa						
		p20	p25	p30	p35	p40	p42	p45
0.40	0.60	0.40	0.37	0.33	0.29	0.26	0.23	0.13
0.60	0.90	0.60	0.55	0.50	0.44	0.38	0.35	0.27
1.00	1.50	1.00	0.92	0.82	0.73	0.64	0.58	0.43
1.60	2.40	1.60	1.50	1.30	1.20	1.00	0.90	0.70
2.50	3.80	2.50	2.30	2.00	1.80	1.60	1.40	1.10
4.00	6.00	4.00	3.70	3.30	3.00	2.80	2.30	1.80
6.30	9.60	6.30	5.90	5.20	4.70	4.10	3.70	2.90
10.00	15.00	10.00	—	8.20	7.20	6.40	5.80	4.30
16.00	24.00	16.00	14.70	13.10	11.m	10.20	9.30	7.20
20.00	30.00	20.00	18.40	16.40	14.60	12.80	11.60	9.00
25.00	35.00	25.00	23.00	20.50	18.20	16.00	14.50	11.20
32.00	43.00	32.00	29.40	26.20	23.40	20.50	18.50	14.40
40.00	52.00	40.00	36.80	32.80	29.20	25.60	23.20	18.00
50.00	62.90	50.00	46.00	41.00	36.50	32.00	29.00	22.50

(2) 公称直径

公称直径用 DN 加数值来表示，例如 DN150 表示公称直径为 150mm。往往公称直径既不是管子的外径也不是内径，而是接近管子内径的整数，例如，$\phi 159 \times 5$，是外径 159mm，内径 149mm 的无缝钢管，其公称直径是 150mm。

(二) 化工管路的连接方法

对于一定公称压力和公称直径的化工管路，除了使用合适的管子以外，需要采用合适的连接方法、选用合适的管件进行连接。主要连接方法有螺纹连接、焊接、法兰连接和承插连接等几种。

(1) 螺纹连接

螺纹连接也称丝扣连接，只适用于公称直径不超过 65mm、工作压力不超过 1MPa、介质温度不超过 373K 的热水管路和公称直径不超过 100mm、公称压力不超过 0.98MPa 的给水管路；也可用于公称直径不超过 50mm、工作压力不超过 0.196MPa 的饱和蒸汽管路；此外，只有在连接螺纹的阀件和设备时，才能采用螺纹连接。螺纹连接时，在螺纹之间常加麻丝、石棉线、铅油等填料。现一般采用聚四氟乙烯作填料，密封效果较好。

(2) 焊接

焊接是长管路、高压管路连接的主要形式，一般采用气焊、手工电弧焊、手工氩弧焊、埋弧自动焊、埋弧半自动焊、接触焊（热熔焊）和气压焊等。在施工现场焊接碳钢管路，常采用气焊或手工电弧焊。电焊的焊缝强度比气焊的焊缝强度高，并且比气焊经济，因此，应优先采用电焊连接。只有公称直径小于 80mm、壁厚小于 4mm 的管子才用气焊连接。塑料管路常采用热熔焊。

(3) 法兰连接

法兰连接在石油、化工管路中应用极为广泛，特别是需要经常拆卸或车间不允许动火时，必须使用法兰连接。它的优点是强度高，密封性能好，适用范围广，拆卸、安装方便。为了适应各种情况下的管路连接，管法兰及其垫片有许多种，早已有国家标准，可在市场上购买。

① 管法兰。国家标准中有铸铁法兰、铸钢法兰、铸铁螺纹法兰、平焊钢法兰、对焊钢法兰、平焊松套钢法兰、对焊松套钢法兰和卷边松套法兰等多种。

② 垫片。管法兰所用垫片种类很多，包括非金属垫片、半金属垫片和金属垫圈。石油、化工管路的管法兰最常用的垫片有：石棉板、橡胶石棉板、金属包石棉垫片、缠绕式垫片、齿形垫片和金属垫圈等。垫片的选择主要根据管内压力、温度、介质的性质等综合分析后确定，它是与法兰的种类及密封面的型式相一致的。所以在选择法兰时就应该同时确定垫片的种类。

③ 栓、螺母。压力不大的管法兰（$PN \leqslant 2.45MPa$），一般采用半精制螺栓和半精制六角螺母；压力较高的管法兰应采用光双头螺栓和精制六角螺母。

中、低压管路常采用平焊法兰，高压管路则常采用对焊法兰或对焊松套法兰，有色金属则采用卷边松套法兰。法兰密封面型式有光滑式、凹凸式、榫槽式、梯形槽式和透镜式。低压时采用光滑密封面，压力较高时则采用凹凸型密封面。通常采用的垫片为非金属软垫片。高压管路连接常采用平面型和锥面型两种连接法兰，平面型要求密封面必须光滑，采用软金属（铝、紫铜等）做垫片；锥面型的端面为光滑锥形面，垫片为凸透镜式，用低碳钢制成。

对于输送易燃、易爆物料的管路，须用金属导线连接两法兰以排除静电，防止发生燃烧、爆炸事故。如图1-12所示。

图1-12　静电排除

（4）承插连接

在化工管道中，用作输水的铸铁管多采用承插连接。承插连接适用于铸铁管、陶瓷管、塑料管等。它主要应用在压力不大的上、下水管路。承插连接时，插口和承口接头处留有一定的轴向间隙，在间隙里填充密封填料。对于铸铁管，先填2/3深度的油麻绳，然后填一定深度的石棉水泥（石棉30%，水泥70%），在重要场合不填石棉水泥，而灌铅。最后涂一层沥青防腐层。陶瓷管在填塞油麻绳后，再填水泥砂浆即可，它一般应用于下水管。

四、管道系统试验

管道安装完毕后，按设计规定应对系统进行强度及严密性试验，检查管道安装的工程质量。一般采用液压试验，如液压强度试验确有困难，也可用气压试验代替，试验中应采取有效的安全措施。

1. 液压试验

液压试验采用洁净水。承受内压的地上钢管道及有色金属管道试验压力应为设计压力的

1.5 倍，埋地钢管道的试验压力应为设计压力的 1.5 倍，且不得低于 0.4MPa。对承受外压的管道，其试验压力应为设计内、外压力之差的 1.5 倍，且不低于 0.2MPa。

液压试验应缓慢升压，待达到试验压力后，稳压 10min，再将试验压力降至设计压力，停压 30min，以压力不降、无渗漏为合格。

2. 气压试验

气压试验又称严密性试验，为安全起见，应在液压试验合格之后进行，一般使用空气或惰性气体。对承受内压、设计压力不大于 0.6MPa 的钢管及有色金属管道，其气压试验压力为设计压力的 1.15 倍；真空管道的试验压力应为 0.21MPa。

在进行气压强度试验时，应采用压力逐级升高的方法。首先升至试验压力的 50%，进行泄漏及有无变形等情况的检查，如无异常现象，再继续按试验压力的 10% 逐级升压，直至强度试验压力。每一级应稳压 3min，达到试验压力后稳压 10min，以无泄漏、目测无变形等为合格。

强度试验合格后，降低至设计压力，用涂刷肥皂水的方法进行检查，如无泄漏，稳压半小时，压力也不降，则设备严密性试验为合格。

第五节 认识阀门

阀门是化工厂管道系统的重要组成部件，在化工生产过程中起着重要作用。其主要功能是：接通和截断介质；防止介质倒流；调节介质压力、流量；分离、混合或分配介质；防止介质压力超过规定数值，以保证管道或设备安全运行等。还有一些阀门能根据一些条件自动启闭，控制流体流向、维持一定压力、阻汽排水或其他作用。阀门投资占装置配管费用的 30%～50%。选用阀门主要从装置无故障操作和经济两方面考虑。

通常使用的阀门种类很多，即使同一结构的阀门，由于使用场所不同，可有高温阀、低温阀、高压阀和低压阀之分；也可按材料的不同而称铸钢阀、铸铁阀等。

阀门有专门的生产厂家，按照一定标准，生产各种类型和规格的阀门，主要规格是公称压力（PN）和公称直径（DN）。

1. 截止阀

截止阀是化工生产中使用最广泛的一种截断类阀门，其外观参见图 1-13。它利用阀杆升降带动与之相连的圆形盘（阀头），改变阀盘与阀座间的距离达到控制阀门的启闭和开度。为了保证关闭严密，阀盘与阀座应研磨配合，阀座用青铜、不锈钢等软质材料制成，阀盘与阀杆应采用活动连接，这样可保证阀盘能正确地坐落在阀座上，使密封面严密贴合。

根据与管路的连接方式不同，截止阀有螺纹连接和法兰连接两种。根据阀体结构形式不同，又分标准式、流线式、直线式和角式等几种。流线式截止阀阀体内部呈流线状，其流体阻力小，目前应用最多。

截止阀结构较复杂，但操作简便、不甚费力，易于调节流量和截断通道，启闭缓慢无水锤现象，故使用较为广泛。截止阀安装时要注意流体流向，应使管路流体由下向上流过阀座口，即所谓"低进高出"，目的是减小流体阻力，使开启省力和关闭状态下阀杆、填料函部分不与介质接触，不易损坏和泄漏。

截止阀主要用于水、蒸汽、压缩空气及各种物料的管路，可较精确地调节流量和严密地截断通道。但不能用于黏度大、易结焦、含悬浮和结晶颗粒料的介质管路。也不宜作放空阀及低真空系统的阀门。

2. 闸阀

闸阀又称闸板阀或闸门阀，它是通过闸板的升降来控制阀门的启闭。其外观参见图 1-14。闸板垂直于流体流向，改变闸板与阀座间相对位置即可改变通道大小，闸板与阀座紧密贴合时可阻止介质通过。为了保证阀门关闭严密，闸板与阀座间应研磨配合，通常在闸板和阀座上镶嵌耐磨、耐蚀的金属材料（青铜、黄铜、不锈钢等）制成的密封圈。

闸阀具有流体阻力小、介质流向不变、开启缓慢无水锤现象、易于调节流量等优点，缺点是结构复杂、尺寸较大、闸板的启闭行程较长、密封面检修困难等，闸阀可以手动开启，也可以电动开启，在化工厂应用较广。适用于输送油品、蒸汽、水等介质，由于在大直径给水管路上应用较多，故又有水门之称。适用的公称压力 PN 为 $0.1\sim2.5MPa$，公称直径 DN 为 $15\sim1800mm$。

图 1-13 截止阀外观

图 1-14 闸阀外观

3. 蝶阀

蝶阀是利用一可绕轴旋转的圆盘来控制管路的启闭，转角大小反映阀门的开启程度。参见图 1-15。

根据传动方式不同蝶阀分手动、气动和电动等三种，旋转手柄通过齿轮传动带动阀杆，转动杠杆和松紧弹簧打开或关闭阀门。蝶阀安装时应使介质流向与阀体上所示箭头方向一致，这样介质的压力有助于提高阀门关闭时的密封性，有些蝶阀则不需注意方向性。蝶阀具有结构简单、开闭较迅速、流体阻力小、维修方便等优点，但不能精确调节流量，不能用于高温、高压场合，适用于 $PN<1.6MPa$，$t<120℃$ 的大口径水、蒸汽、空气、油品等管路。

4. 球阀

球阀和旋塞阀是同类型阀门。只是其启闭件为带一通孔的球体，球体绕阀体中心线旋转达到启闭目的。其外观参见图 1-16。

球阀操作方便，启闭迅速，流体阻力小，密封性好，适用于输送低温、高压及黏度较大含悬浮和结晶颗粒的介质，如水、蒸汽、氮气、氢气、氨、油品及酸类，由于受密封材料的影响，不宜用于高温管路。不能作调节流量用。

5. 旋塞阀

旋塞阀俗称考克，其阀芯是一带孔的锥形塞，利用锥形柱塞绕中心线旋转 90°来控制阀门的启闭，它在管路上主要用作启闭、分配和改向。其外观参见图 1-17。

旋塞阀具有结构简单、启闭迅速、操作方便、流动阻力小等优点，但密封面的研磨修理较困难，对大直径旋塞阀启闭阻力较大，旋塞阀适用于输送150℃和1.6MPa（表）以下的含悬浮物和结晶颗粒液体的管路以及黏度较大的物料的管路；输送压缩空气或废蒸汽与空气混合物的管路，$DN<20mm$。不可用于精确调节流量、输送蒸汽及高温、高压的其他液体管路。

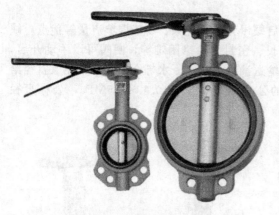

图1-15 蝶阀外观

图1-16 球阀外观

图1-17 旋塞阀外观

图1-18 升降式止回阀外观

6. 止回阀

止回阀是利用阀前、后介质的压力差来自动启闭，控制介质单向流动的阀门，又称止逆阀或单向阀。止回阀按结构不同分升降式（跳心式）和旋启式（摇板式）两种。升降式止回阀外观参见图1-18。摇板式止回阀外观参见图1-19。

止回阀可用于泵和压缩机的管路上，疏水器的排水管上，以及其他不允许介质作反向流动的管路上。

止回阀适用于清净介质，不宜用于含固体颗粒和黏度较大的介质。

7. 节流阀

节流阀多数为针形阀，它与截止阀相似，只是阀芯有所不同。截止阀的阀芯为盘状，节流阀的启闭件为锥状或抛物线状。其外观参见图1-20。

针形阀的特点：①启闭时，流通截面的变化比较缓慢，因此它比截止阀的调节大多流量自调阀为针形阀；②流体通过阀芯和阀座时，流速较大，易冲蚀密封面；③密封性较差，不宜作隔断阀。针形阀适用于温度较低、压力较高的介质和需要调节流量和压力的管路上，不适用于黏度大和含有固体颗粒的介质。

图 1-19　摇板式止回阀外观

图 1-20　节流阀外观

8. 减压阀

减压阀是通过启闭件的节流,将进口的高压介质降低至某个需要的出口压力,在进口压力及流量变动时,能自动保持出口压力基本不变的自动阀门。其外观参见图 1-21。活塞式减压阀的减压范围分三种：$0.1～0.3MPa$、$0.2～0.8MPa$、$0.7～1.0MPa$,公称直径 DN 为 $20～200mm$。适用于温度小于 $70℃$ 的空气、水和温度小于 $400℃$ 的蒸汽管道。

9. 安全阀

安全阀用在受压设备、容器或管路上,作为超压保护装置。当设备压力升高超过允许值时,阀门开启全量排放,以防止设备压力继续升高,当压力降低到规定值时,阀门及时关闭,保护设备或管路的安全运行。根据平衡内压的方式不同,安全阀分为杠杆重锤式和弹簧式两种。安全阀的种类有以下几种。

① 封闭式弹簧安全阀。其阀盖和罩帽等是封闭的。其外观参见图 1-22。它有两种不同作用,或是防止灰尘等外界杂物侵入阀内,保护内部零件,此时盖和罩帽不要求气密性；或是防止有毒、易燃、易爆等介质溢出,此时盖及罩帽要做气密性试验。封闭式安全阀出口侧如要求气密性试验时,应在订货时说明,气密性试验压力一般为 $0.6MPa$。

图 1-21　减压阀外观

图 1-22　弹簧安全阀外观

② 非封闭式弹簧安全阀。阀盖是敞开的,有利于降低弹簧腔室的温度,主要用于蒸汽

等介质的场合。

③ 带扳手的弹簧式安全阀。对安全阀要做定期试验者应选用带提升扳手的安全阀。当介质压力达到开启压力的75%以上时,可以利用提升扳手将阀瓣从阀座上略微提起,以检查阀门开启的灵活性。

④ 特殊形式弹簧安全阀。有带散热器的安全阀和带波纹管的安全阀

带散热器的安全阀:凡是封闭式弹簧安全阀使用温度超过300℃,或非封闭式弹簧安全阀使用温度超过350℃时应选用带散热器的安全阀。

带波纹管的安全阀:带波纹管安全阀的波纹管有效直径等于阀门密封面平均直径,因而,在阀门开启前背压对阀瓣的作用力处于平衡状况,背压变化不会影响开启压力。当背压变动时,其变动量超过整定压力(开启压力)的10%时,应该选用波纹管安全阀;利用波纹管把弹簧与导向机构等与介质隔离以防止这些重要部位免受介质腐蚀而失效。

安全阀主要设置在受内压的设备和管路上(如压缩空气、蒸汽和其他受压力气体管路等),为了安全起见,一般在重要的地方都装置两个安全阀。为了防止阀盘胶结在阀座上,应定期地将阀盘稍稍抬起,用介质来吹涤安全阀,对于热的介质,每天至少吹涤一次。

10. 疏水阀

疏水阀(也称阻汽排水阀、疏水器)的作用是自动排泄蒸汽管道和设备中不断产生的凝结水、空气及其他不可凝性气体,又同时阻止蒸汽的逸出。它是保证各种加热工艺设备所需温度和热量并能正常工作的一种节能产品。疏水阀有热动力型、热静力型和机械型等。

双金属片式疏水阀:双金属片疏水阀的主要部件是双金属片感温元件,随蒸汽温度升降受热变形,推动阀芯开关阀门。其外观参见图1-23。双金属片式ARI阀门设有调整螺栓,可根据需要调节使用温度,一般过冷度调整范围低于饱和温度15~30℃,背压率大于70%,能排不凝结气体,不怕冻,体积小,能抗水击,耐高压,任意位置都可安装。双金属片有疲劳性,需要经常调整。当装置刚启动时,管道出现低温冷凝水,双金属片是平展的,阀芯在弹簧的弹力下,阀门处于开启位置。当冷凝水温度渐渐升高,双金属片感温起元件开始弯曲变形,并把阀芯推向关闭位置。在冷凝水达到饱和温度之前,疏水阀开始关闭。双金属片随蒸汽温度变化控制阀门开关,阻汽排水。

图1-23 双金属片式疏水阀外观

图1-24 圆盘式蒸汽保温型疏水阀外观

圆盘式蒸汽保温型疏水阀：圆盘式蒸汽保温型疏水阀的工作原理和热动力式疏水阀相同，它在热动力式疏水阀的汽室外面增加一层外壳。外壳内室和蒸汽管道相通，利用管道自身蒸汽对ARI阀门的主汽室进行保温。使主汽室的温度不易降温，保持汽压，疏水阀紧紧关闭。当管线产生凝结水，疏水阀外壳降温，疏水阀开始排水；在过热蒸汽管线上如果没有凝结水产生，疏水阀不会开启，工作质量高。阀体为合金钢，阀芯为硬质合金，该阀最高允许温度为550℃，经久耐用，使用寿命长，是高压、高温过热蒸汽专用疏水阀。其外观参见图1-24。

热动力式疏水阀：热动力式ARI阀门内有一个活动阀片，既是敏感件又是动作执行件。其外观参见图1-25。根据蒸汽和凝结水通过时的流速和体积变化的不同热力学原理，使阀片上下产生不同压差，驱动阀片开关阀门。漏汽率3％，过冷度为8～15℃。当装置启动时，管道出现冷却凝结水，凝结水靠工作压力推开阀片，迅速排放。当凝结水排放完毕，蒸汽随后排放，因蒸汽比凝结水的体积和流速大，使阀片上下产生压差，阀片在蒸汽流速的吸力下迅速关闭。当阀片关闭时，阀片受到两面压力，阀片下面的受力面积小于上面的受力面积，因疏水阀汽室里面的压力来源于蒸汽压力，所以阀片上面受力大于下面，阀片紧紧关闭。当ARI阀门汽室里面的蒸汽降温成凝结水，汽室里面的压力消失。凝结水靠工作压力推开阀片，凝结水又继续排放，循环工作，间断排水。

自由浮球式疏水阀：自由浮球式疏水阀的结构简单，内部只有一个活动部件精细研磨的不锈钢空心浮球，既是浮子又是启闭件，无易损零件，使用寿命很长。"银球"牌雅瑞阀门内部带有Y系列自动排空气装置，非常灵敏，能自动排空气，工作质量高。其外观参见图1-26。设备刚启动工作时，管道内的空气经过Y系列自动排空气装置排出，低温凝结水进入疏水阀内，凝结水的液位上升，浮球上升，阀门开启，凝结水迅速排出，蒸汽很快进入设备，设备迅速升温，Y系列自动排空气装置的感温液体膨胀，自动排空气装置关闭。疏水阀开始正常工作，浮球随凝结水液位升降，阻汽排水。自由浮球式疏水阀的阀座总处于液位以下，形成水封，无蒸汽泄漏，节能效果好。最小工作压力0.01MPa，从0.01MPa至最高使用压力范围之内不受温度和工作压力波动的影响，连续排水。能排饱和温度凝结水，最小过冷度为0℃，加热设备里不存水，能使加热设备达到最佳换热效率。背压率大于85％，是生产工艺加热设备最理想的疏水阀之一。

图1-25　热动力式疏水阀外观

图1-26　自由浮球式疏水阀外观

化工管路中的阀门种类繁多，结构各异，作用也不尽相同，在选用阀门时，应根据具体的设备或工艺管路的具体要求，进行选择和配备。

第六节　认识蒸汽及冷凝管路系统

一、蒸汽系统的压力

在化工装置中，蒸汽的用途主要为：动力、加热、工艺、伴热、吹扫、灭火、消防、稀释、事故等。

国内化工装置常用锅炉发生的蒸汽系统的压力为：4MPa、2.5MPa、1.6MPa、1.3MPa、0.8MPa。工艺上若需要其他蒸汽等级可设置减压装置得到。

二、蒸汽系统流程一般原则

① 各种用途的蒸汽支管均应自蒸汽主管的顶部接出，支管上的切断阀应安装在靠近主管的水平管段上，以避免存液。

② 在动力、加热及工艺等重要用途的蒸汽支管上，不得再引出灭火、消防、吹扫等其他用途的蒸汽支管。

③ 一般从蒸汽主管引出的蒸汽支管均应采用二阀组。而从蒸汽主管或支管引出接至工艺设备或工艺管道的蒸汽管上，必须设三阀组，即两切断阀之间设一常开的 DN20 检查阀，以便随时发现泄漏。

④ 凡饱和蒸汽主管进入装置，在装置侧的边界附近应设蒸汽分水器，在分水器下部设疏水器。过热蒸汽主管进入装置，一般可不设分水器。

⑤ 在蒸汽管道的 U 形补偿器上，不得引出支管。在靠近 U 形补偿器两侧的直管上引出支管时，支管不应妨碍主管的变形或位移。因主管热膨胀而产生的支管引出点的位移，不应使支管承受过大的应力或过多的位移。

⑥ 直接排至大气的蒸汽放空管，应在该管下端的弯头附近开一个直径为 6mm 的排液孔，并接 DN15 的管子引至边沟、漏斗等合适的地方。如果放空管上装有消声器，则消声器底部应设 DN15 的排液管并与放空管相接。

⑦ 连续排放或经常排放的乏汽管道，应引至非主要操作区和操作人员不多的地方。

三、冷凝水系统流程

由于散热损失，蒸汽管道内产生凝结水，若不及时排除，传热效果急剧下降，另外在管道改变走向处可能产生水击，造成振动、噪声甚至管道破裂。因此，蒸汽管道需要疏水。一般有两种疏水方式：

① 经常疏水。在运行过程中所产生的凝结水通过疏水阀自动阻汽排水。

② 启动疏水。在启动暖管过程中所产生的凝结水通过手动阀门排去。

下列蒸汽管道的各处应经常疏水：

① 饱和蒸汽管的末端、最低点、立管下端以及长距离管道的每隔一定距离；

② 蒸汽分管道下部；

③ 蒸汽管道减压阀、调节阀前；

④ 蒸汽伴热管末端。

下列蒸汽管道的各处应设启动疏水：

① 蒸汽管道启动时有可能积水的最低点；

② 分段暖管的管道末端；

③ 水平管道流量孔板前，但在允许最小直管长度范围内不得设疏水点；
④ 过热蒸汽不经常疏通的管道切断阀前，入塔汽提管切断阀前等。

为了降低能耗，对蒸汽用量较大的凝结水设回收系统。一般在装置内设凝结水罐和泵，将凝结水送往动力站。有时也设扩容器，回收0.3MPa闪蒸蒸汽，并入0.3MPa蒸汽主管内，大部分0.3MPa凝结水送往动力站。没有回收价值或可能混入油品或其他腐蚀介质的凝结水经处理后排入污水管网。蒸汽凝结水在流动过程中，因压降而产生二次蒸汽，形成汽液混相流，当流速增加或改变流向时会引起水击，导致管道发生振动甚至破裂。所以，在确定凝结水管径时，应充分估计汽液相的混相率，并应留有充分的裕量。同时，在布置凝结水管道时应防止产生水击。

从不同压力的蒸汽疏水阀出来的凝结水应分别接至各自的凝结水回收总管，例如从使用1MPa蒸汽加热或伴热的疏水阀出来的凝结水与使用0.3MPa蒸汽加热或伴热的疏水阀出来的凝结水，由于压差较大，不应接至同一凝结水回收总管。但是，蒸汽压力虽不同、而疏水阀后的背压较小且不影响低压疏水阀的排水时，可合用一个凝结水回收总管。此时，各疏水阀出来的凝结水支管与凝结水回收总管相接处应设止回阀以防止压力波动的相互影响。

四、管路绝热

1. 绝热的功能

绝热是保温与保冷的统称。为了防止生产过程中设备和管道向周围环境散发或吸收热量而进行的绝热工程，已成为生产和建设过程中不可缺少的一项工程。

① 用绝热减少设备、管道及其附件的热（冷）量损失。
② 保证操作人员安全，改善劳动条件，防止烫伤和减少热量散发到操作区。
③ 在长距离输送介质时，用绝热来控制热量损失，以满足生产上所需要的温度。
④ 冬季，用保温来延缓或防止设备、管道内液体的冻结。
⑤ 当设备、管道内的介质温度低于周围空气露点温度时，采用绝热可防止设备、管道的表面结露。
⑥ 用耐火材料绝热可提高设备的防火等级。
⑦ 对工艺设备或炉窑采取绝热措施，不但可减少热量损失，而且可以提高生产能力。

2. 绝热的范围

（1）具有下列情况之一的设备、管道及组成件（以下简称管道）应予以绝热

① 外表面温度大于50℃以及外表面温度小于或等于50℃但工艺需要保温的设备和管道，例如日光照射下的泵入口的液化石油气管道，精馏塔顶馏出线（塔至冷凝器的管），塔顶回流管道以及经分液后的燃料气管道等宜保温。

② 介质凝固点或冰点高于环境温度（系指年平均温度）的设备和管道。例如凝固点约30℃的原油，在年平均温度低于30℃的地区的设备和管道；在寒冷或严寒地区，介质凝固点虽然不高，但介质内含水的设备和管道；在寒冷地区，可能不经常流动的水管道等。

③ 制冷系统中的冷设备、冷管道及其附件，需要减少冷介质及载冷介质的冷损失。以及需防止外壁表面结露的低温管道。

④ 因外界温度影响而产生冷凝液使管道腐蚀者。

（2）具有下列情况之一的设备和管道可不保温

要求散热或必须裸露的设备和管道；要求及时发现泄漏的设备和管道法兰；内部有隔热、耐磨衬里的设备和管道；需经常监视或测量以防止发生损坏的部位；工艺生产中的排气、放空等不需要保温的设备和管道。

3. 绝热结构

绝热结构是保温结构和保冷结构的统称。为减少散热损失，在设备或管道表面上覆盖的绝热材料，以绝热层和保护层为主体及其支承、固定的附件构成的统一体，称为绝热结构。

(1) 绝热层

绝热层是利用保温材料的优良绝热性能，增加热阻，从而达到减少散热的目的，是绝热结构的主要组成部分。

(2) 防潮层

防潮层的作用是抗蒸汽渗透性好，防潮、防水力强。

(3) 保护层

保护层是利用保护层材料的强度、韧性和致密性等以保护保温层免受外力和雨水的侵袭，从而达到延长保温层的使用年限的目的，并使保温结构外形整洁、美观。

4. 绝热材料的性能和种类

对绝热材料性能的基本要求，应是具有密度小、机械强度大、热导率小、化学性能稳定、对设备及管道没有腐蚀以及能长期在工作温度下运行等性能。

(1) 绝热层材料

保温材料在平均温度低于350℃时，热导率不得大于0.12W/(m·℃)，保冷材料在平均温度低于27℃时，热导率应不大于0.064W/(m·℃)。

保温硬质材料密度一般不得大于300kg/m³；软质材料及半硬质制品密度不得大于220kg/m³；吸水率要小。

绝热层材料及其制品允许使用的最高或最低温度要高于或低于流体温度。化学稳定性能好，价格低廉，施工方便，尽可能选用制品和半制品材料，如板、瓦及棉毡等材料。

(2) 防潮层材料

防潮层材料应具有的主要技术性能包括：吸水率不大于1%；应具有阻燃性、自熄性；黏结及密封性能好，20℃时黏结强度不低于0.15MPa；安全使用温度范围大，有一定的耐温性，软化温度不低于65℃，夏季不软化、不起泡、不流淌，有一定的抗冻性，冬季不脆化、不开裂、不脱落；化学稳定性好，挥发物不大于30%，干燥时间短，在常温下能使用，施工方便。

防潮层材料应具有规定的技术性能，同时还应不腐蚀隔热层和保护层，也不应与隔热层产生化学反应。一般可选择下述材料：

① 石油沥青或改质沥青玻璃布；
② 石油沥青玛碲脂玻璃布；
③ 油毡玻璃布；
④ 聚乙烯薄膜；
⑤ 复合铝箔；
⑥ CPU新型防水防腐敷面材料。CPU是一种聚氨酯橡胶体，可用作设备和管道的防潮层或保护层、埋地管道的防腐层。

(3) 保护层材料

保护层的主要作用是：防止外力损坏绝热层；防止雨、雪水的侵袭；对保冷结构尚有防潮隔汽的作用；美化隔热结构的外观。

保护层应具有严密的防水、防湿性能，良好的化学稳定性和不燃性、强度高、不易开裂、不易老化等性能。保护层材料除需符合保护绝热层的要求外，还应考虑其经济性，推荐下述的材料。

① 为保持被绝热的设备或管道的外形美观和易于施工，对软质、半硬质绝热层材料的保护层宜选用 0.5mm 镀锌或不镀锌薄钢板；对硬质隔热层材料宜选用 0.5~0.8mm 铝或合金铝板，也可选用 0.5mm 镀锌或不镀锌薄钢板。

② 用于火灾危险性不属于甲、乙、丙类生产装置或设备和不划为爆炸危险区域的非燃性介质的公用工程管道的隔热层材料，可用 0.5~0.8mm 阻燃型带铝箔玻璃钢板等材料。

5. 管道保温

管道保温的计算方法有多种，根据不同的要求有：经济厚度计算法，允许热损失下的保温厚度计算法，防结露、防烫伤保温厚度计算法，延迟介质冷冻保温厚度计算法，在液体允许的温度降下保温厚度计算法等。

保温层经济厚度是指设备、管道采用保温结构后，年热损失值与保温工程投资费的年分摊率价值之和为最小值时的保温厚度。设备保温外观参见图 1-27。

图 1-27　设备保温外观

6. 管道的热补偿

为了防止管道热膨胀而产生的破坏作用，在管道设计中需考虑自然补偿或设置各种形式的补偿器以吸收管道的热膨胀或端点位移。除了少数管道采用波形补偿器等专业补偿器外，大多数管道的热补偿是靠自然补偿来实现的。

（1）自然补偿

管道的走向是根据具体情况呈各种弯曲形状的。利用这种自然的弯曲形状所具有的柔性以补偿其自身的热膨胀或端点位移称为自然补偿。有时为了提高补偿能力而增加管道的弯曲，例如设置 U 形补偿器等也属于自然补偿的范围。自然补偿构造简单、运行可靠、投资少，被广泛应用。自然补偿的计算较为复杂，可以用简化的计算图表，也可以用计算机进行复杂的计算。

（2）波形补偿器

随着大直径管道的增多和波形补偿器制造技术的提高，近年来波形补偿器在许多情况下得到采用。波形补偿器适用于低压大直径管道。但制造较为复杂，价格高。波形补偿器一般用 0.5~3mm 不锈钢薄板制造，耐压低，是管道中的薄弱环节，与自然补偿相比其可靠性较差。波形补偿有以下几种形式。

① 单式波形补偿器。这是最简单的波形补偿器，由一组波形管构成，一般用来吸收轴向位移。

② 复式波形补偿器。这是由两个单式波形补偿器组成的，可用来吸收轴向位移和横向

位移。

③ 压力平衡式波形补偿器。这种补偿器可避免内压推力作用于固定支架、机泵或工艺设备上。虽然两侧波形管的弹力有所增加，但与内压推力相比是很小的。这种补偿器可吸收轴向位移和横向位移以及二者的组合。

④ 铰链式波形补偿器。这是由一单式波形补偿器在两侧加一对铰链组合而成的，它可以在一个平面内承受角位移。

⑤ 万向接头式波形补偿器。这是由一单式波形补偿器和在相互垂直的方向加两组连接在同一个浮动平衡环上的铰链组合而成的，它可以在承受任何方向的角位移。

(3) 套管式补偿器

又称填料函补偿器，有弹性套管式补偿器——利用弹簧维持对填料的压紧力以防止填料松弛泄漏；注填套管式补偿器——补偿器的外壳上要注填密封剂；无推力套管式补偿器——补偿器使作用于固定支架上的内压推力由自身平衡等三种。

(4) 球形补偿器

球形补偿器多用于热力管网，其补偿能力是 U 形补偿器的 5～10 倍，变形应力是 U 形补偿器的 1/3～1/2，流体阻力是 U 形补偿器的 60%～70%。球形补偿器的关键部件为密封环，一般用聚四氟乙烯制造，并以铜粉为添加剂，可耐温 250℃。球形补偿器可使管段的连接处呈铰接状态，利用两球形补偿器之间的直管段的角变位来吸收管道的变形。

第七节 管道布置与安全

一、管路布置

管道布置设计是一个项目工艺专业设计的最后一大内容。管道布置设计是相当重要的，正确地设计管道和敷设管道，可以减少基建投资，节约金属材料以及保证正常生产。化工管道的正确安装，不单是车间布置得整齐、美观的问题。它对操作的方便，检修的难易，经济的合理性，甚至生产的安全都起着极大的作用。由于化工生产的品种繁多操作条件不一，要求较高，如高温、高压、真空或低温等，以及被输送物料性质的复杂性还有易燃、易爆、毒害性和腐蚀性等特点，故对化工管道的安装难以做出统一的规定，需对具体的生产流程特点，结合设备布置综合进行考虑。

① 依据管道设计规定，收集设计资料及有关的标准规范。

② 根据工艺管道流程图（PID）进行管道设计。

③ 根据装置的特点，考虑操作、安装、生产及维修的需要，合理布置管路，做到整齐美观。

④ 根据介质性质及工艺操作条件，经济合理地选择管材。

⑤ 配置的管道要有一定的挠性，以降低管道的应力，对直径大于 $DN150$，温度大于 177℃ 的管道应进行柔性核算。

⑥ 管道布置中考虑安全通道及检修通道。

⑦ 输送易燃、易爆介质的管道不能通过生活区。

⑧ 废气放空管应设置在操作区的下风向，并符合国家排放标准。

二、化工管路安全知识训练

安全生产的概念贯穿于整个化工装置建设中，除了安装、施工、操作中要考虑外，设计过程中的周密考虑能消除安全隐患，使事故损失降低到最小。

在设计中，流程上要考虑的安全因素主要是避免设备和管道内介质的压力超过允许的操作压力而造成灾难性事故的发生。一般利用安全泄压装置来及时排放管道内的介质，使管道内介质的压力迅速下降。设备及管道中采用的安全泄压装置主要有爆破片和安全阀，或在管道上加安全水封和安全放空管。

1. 安全阀的设置

① 安全阀是一种自动阀门，它不借助任何外力而是利用介质本身的力来排出一定数量的流体，以防止系统内压力超过预定的安全值。当压力恢复正常后，阀门再自行关闭阻止介质继续流出。

② 按国家有关标准的规定，在不正常条件下，可能超压的下列设备应设安全阀。

a. 顶部操作压力大于 0.07MPa 的压力容器；

b. 顶部操作压力大于 0.03MPa 的蒸馏塔、蒸发塔和汽提塔（汽提塔顶蒸汽通入另一蒸馏塔者除外）；

c. 往复式压缩机各段出口或电动往复泵、齿轮泵、螺杆泵等容积式泵的出口（设备本身已有安全阀者除外）；

d. 凡与鼓风机、离心式压缩机、离心泵或蒸汽往复泵出口连接的设备不能承受其最高压力时，上述机泵的出口；

e. 可燃的气体或液体受热膨胀，可能超过设计压力的设备。

③ 下列工艺设备不宜设安全阀。

a. 加热炉炉管；

b. 在同一压力系统中，压力来源处已有安全阀，则其余设备可不设安全阀。对扫线蒸汽不宜作为压力来源。

④ 有可能被物料堵塞或腐蚀的安全阀应在其入口前设爆破片或在其出入口管道上采取吹扫、加热或保温等防堵措施。

⑤ 有突然超压或发生瞬时分解爆炸危险物料的反应设备，如安全阀不能满足要求时，应装爆破片或爆破片和导爆管。

⑥ 因物料爆聚、分解而造成超温、超压，可能引起火灾、爆炸的反应设备，应设报警信号和泄压排放设施，以及自动或手动遥控的紧急切断进料设施。

2. 爆破片的设置

爆破片是可在容器或管道压力突然升高而尚未引起爆炸前先行破裂，排出设备或管道内的高压介质，从而防止设备或管道破裂的一种安全泄压装置。爆破片式安全泄压装置是由爆破片、夹持器、真空托架等零件装配组成的一种压力泄放安全装置，当爆破片两侧压力差达到预定温度下的预定值时，爆破片即会破裂，泄放出压力介质。

(1) 爆破片的特点

爆破片与安全阀相比较，具有结构简单、灵敏、可靠、经济、无泄漏、适应性强等优越性，但也有其局限性。爆破片主要有以下特点。

① 密封性能好，在设备正常工作压力下能保持严密不漏。

② 泄压反应迅速，爆破片的动作一般在 2~10ms 内完成，而安全阀则因为机械滞后作用，全部动作时间要高 1~2 个数量级。

③ 对黏稠性或粉末状污物不敏感。即使气体中含有一定量的污物也不致影响它的正常动作，不像安全阀那样，容易黏结或堵塞。

④ 爆破元件（膜片）动作后不能复位，不但设备内介质全部流失，设备也要中止运行。

⑤ 动作压力不太稳定，爆破片的爆破压力允许偏差一般都比安全阀的稳定压力允差大。

⑥ 爆破片的使用寿命较短，常因疲劳而早期失效。

(2) 爆破片适用场所

① 化学反应将使压力急剧升高的设备。

② 高压、超高压容器优先使用。

③ 昂贵或剧毒介质的设备。

④ 介质对安全阀有较强的腐蚀性。

⑤ 介质中含有较多的黏稠性或粉末状、浆状物料的设备。

⑥ 由于爆破片为一次性使用的安全设施，动作后（爆破后）该设备必须停止运行，因此一般广泛应用于间断生产过程。

⑦ 爆破片不宜用于液化气体贮罐、也不宜用于经常超压的场所。

3. 高压管路

一般以 PN 10.0～100.0MPa 为高压，高压等级以 PN16.0，PN20.0，PN22.0，PN32.0 为多见，如合成氨、尿素、甲醇等装置。高压管路在设计时要注意管道材料的选择，管道与管道之间的连接形式，仪表的安装，双阀的设置，以及中、低压管道系统的连接等。

在高压管道系统设计中，常常会有与中、低压管道系统相连接的情况，如放空，排液或转到中、低压系统。例如从压力为 32.0MPa 或 22.0MPa 的高压管道系统，过渡到 2.5MPa 以下的低压管道系统中，其过渡形式为高低压异径管，异径管材料一般为 20 号钢，高压端法兰为 35 号钢。

在高压管道设计中，当必须设置阀门时，无论其管径大小，一般均需设置双阀，以防止介质泄漏；双阀的安装宜紧密相连，以减少管件又便于操作。

第二章 化工生产中测量与控制简介

大型现代化化工厂的生产过程大多采用计算机自动控制。采用计算机自动控制可以：

① 加快产品生产速度，降低生产成本，提高产品质量，提高化工装置运行的技术经济水平；

② 大幅度降低操作人员的工作强度，改善劳动条件；

③ 确保生产安全，防止事故的发生或扩大，延长设备使用寿命，提高设备利用率，保障人身安全，提高化工装置运行安全可靠性。

化工自动化空中系统包括测量元件与变送器、自动控制器和执行器三大部分。

一、检测仪表的准确度

检测仪表的准确度习惯上称精确度或精度。

绝对误差：在理论上绝对误差是指仪表指示值与真实值之间的差值，但在工程上，要知道被测参数的真实值是困难的。因此所谓检测仪表在其标尺范围内各点的绝对误差，一般是指被校表（准确度较低）和标准表（准确度较高）同时对同一参数测量所得的两个读数差。

必须指出，仪表的绝对误差在测量范围内的各点上是不一样的。

工业仪表经常将绝对误差折合成仪表标尺范围的百分数表示，称为相对百分误差 δ，即：

$$\delta = \frac{\Delta_{max}}{标尺上限值 - 标尺下限值} \times 100\%$$

仪表的标尺上限值与下限值之差，一般称为仪表的量程。

根据仪表的使用要求，规定在一般情况下允许的最大误差，称为该仪表的允许误差。允许误差一般用相对百分误差表示，即：

$$\delta_{允} = \pm \frac{仪表允许的最大绝对误差}{标尺上限值 - 标尺下限值} \times 100\%$$

仪表的 $\delta_{允}$ 越大，表示它的准确度越低；反之，仪表的 $\delta_{允}$ 越小，表示它的准确度越高。

国家利用这一办法来统一规定仪表的准确度（精度）等级：将仪表的运行相对百分误差

去掉"±"号及"%"号,便可以用来确定仪表的准确度等级。目前,我国生产的仪表常用的准确度等级有 0.005、0.02、0.05、0.1、0.2、0.4、0.5、1.0、1.5、2.5、4.0 等。

仪表的准确度等级通常以圆圈或三角形内的数字标注在仪表的刻度盘上。

二、工艺管道及控制流程图

化工生产过程的特点是产品从原料加工到产品完成,流程都较长而复杂,并伴有副反应。要保证生产过程的正常进行,产出合格成品,必须确定正确的控制方案。控制方案包括生产流程中各测量点的选择、控制系统的确定、有关自动报警及联锁保护系统的设计等。为此必须在工艺流程图(PFD图)上按其流程顺序标注出相应的测量点、控制点、控制系统、自动报警及联锁保护系统等,得到工艺管道及控制流程图(简称 PID 图或 P&ID 图)。

在自动控制系统中,构成一个回路的每一个仪表(或元件)都有自己的仪表位号。仪表位号由字母代号组合和回路编号两部分组成。仪表位号中的第一位字母表示被测(控)变量,后续字母表示仪表的功能。回路编号可以按装置或工段(区域)进行编制,第一位数表示工序号,后续数字(两位或三位)表示顺序号。具体见第一章。

三、压力测量仪表

(一)弹簧管式压力表

弹簧管式压力表是指弹簧管为敏感元件的压力表,又可以称作布尔登表。其外观参见图 2-1。

弹簧管式压力表的主要组成部分为一弯成圆弧形的弹簧管,管的横切面为椭圆形。作为测量元件的弹簧管一端固定起来,并通过接头与被测介质相连;另一端封闭,为自由端。自

图 2-1 弹簧管式压力表外观

由端借连杆与扇形齿轮相连,扇形齿轮又和机心齿轮咬合组成传动放大装置。弹簧管式压力表内部结构参见图 2-2,常见弹性元件参见图 2-3。

弹簧管式压力表属于就地指示型压力表,就地显示压力的大小,不带远程传送显示、调节功能。

不锈钢弹簧管压弹簧管压力表的延伸产品有弹簧管耐震压力表、弹簧管膜盒压力表、弹簧管隔膜压力表、弹簧管电接点压力表等。

弹簧管式压力表主要用来测量无爆炸、不结晶、不凝固、对铜和铜合金无腐蚀作用的液体、气体或蒸汽的压力。

(二)膜片压力表

膜片压力表是指以膜片为敏感元件的压力表。其外观参见图 2-4。

膜片压力表由测量系统(包括接头、波纹膜盒等),传动机构(包括拔杆机构、齿轮传动机构),指示部件(包括指针与度盘)和外壳(包括表壳、衬圈和表玻璃)所组成。仪表外壳为防溅结构,具有较好的密性,故能保护其内部机构免受污秽浸入。

膜片压力表的作用原理是基于弹性元件(测量系统上的膜片)变形。弹性元件工作原理

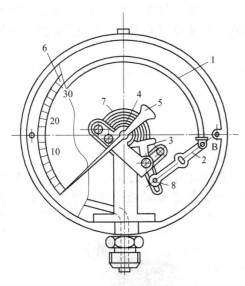

图 2-2 弹簧管式压力表内部结构
1—弹簧管；2—拉杆；3—扇形齿轮；
4—中心齿轮；5—中心齿轮；6—刻度盘；
7—游丝；8—调整螺钉

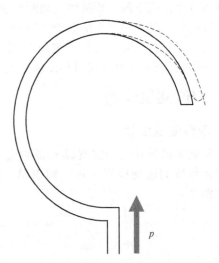

图 2-3 弹簧管式弹性元件

图 2-4 膜片压力表外观

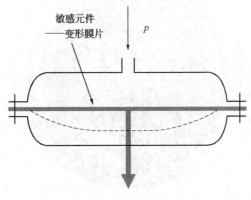

图 2-5 膜片式弹性元件工作原理

参见图 2-5。在被测介质的压力作用下，迫使膜片产生相应的弹性变形——位移，借助连杆组经传动机构的传动并予以放大，由固定于齿轮上的指针将被测值在度盘上指示出来。还有调零装置，可以方便调整零位。

膜片压力表适用于测量具有一定腐蚀性、非凝固或非结晶的各种流体介质的压力或负压。

(三) 电接点压力表

电接点压力表是指带有电接点装置的压力表。其外观参见图 2-6。

电接点压力表由测量系统、指示系统、磁助电接点装置、外壳、调整装置和接线盒（插头座）等组成。

电接点压力表的工作原理是基于测量系统中的弹簧管在被测介质的压力作用下，迫使弹簧管之末端产生相应的弹性变形——位移，借助拉杆经齿轮传动机构的传动并予以放大，由固定齿轮上的指针（连同触头）将被测值在度盘上指示出来。与此同时，当其与设定指针上的触头（上限或下限）相接触（动断或动合）的瞬时，致使控制系统中的电路得以断开或接通，以达到自动控制和发信报警的目的。

电接点压力表通常与相应的电气器件（如继电器及变频器等）配套使用，即可对被测（控）压力系统实现自动控制和发信（报警）的目的。

四、液位测量仪表

(一) 玻璃管液位计

玻璃管液位计是一种直读式液位测量仪表，适用于工业生产过程中一般贮液设备中的液体位置的现场检测，其结构简单，测量准确，是传统的现场液位测量工具。其外观参见图 2-7。

图 2-6 电接点压力表外观

图 2-7 玻璃管液位计外观

玻璃管液位计在上、下阀上都装有螺纹接头，通过法兰与容器连接构成连通器，透过玻璃板、玻璃管可直接读得容器内液位的高度。

玻璃管液位计在上、下阀内都装有钢球，当玻璃板因意外事故破坏时，钢球在容器内压力作用下阻塞通道，这样容器便自动密封，可以防止容器内的液体继续外流。

在玻璃管液位计阀端有阻塞孔螺钉，可供取样时用，或在检修时，放出仪表中的剩余液体时用。

(二) 转子式液位计

转子式液位计的原理是由转子感应液位的升降。有用机械方式直接使转子传动记录结构的普通液位计，有把转子提供的转角量转换成增量电脉冲或二进制编码脉冲作远距离传输的电传、数传液位计，还有用微型转子和许多干簧管组成的数字传感液位计等。应用较广的是机械式液位计。其外观参见图 2-8。

转子式液位计以转子感测液位变化,工作状态下,转子、平衡锤与悬索连接牢固,悬索悬挂在液位轮的"V"形槽中。平衡锤起拉紧悬索和平衡作用,调整转子的配重可以使转子始终位于所测液体的液面上。在液位不变的情况下,转子与平衡锤两边的力是平衡的。当液位上升时,转子产生向上浮力,使平衡锤拉动悬索带动液位轮作顺时针方向旋转,液位编码器的显示读数增加;液位下降时,则转子下沉,并拉动悬索带动液位轮逆时针方向旋转,液位编码器的显示器读数减小。

(三) 压力式液位计

压力式液位计是根据压力与液位成正比关系的流体静力学原理,运用压敏元件作传感器的液位计。压力式液位计测量液体压力,推算液位。当压力传感器固定在液下某一测点时,该点的压力 p 与该点与液面的垂直高度 h 的关系是:

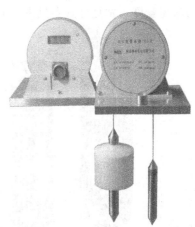

图 2-8　转子式液位计外观

$$p = p^0 + \rho g h$$

式中　p——压力传感器所在位置的压力,Pa;
　　　p^0——液面上的压力,Pa;
　　　g——重力加速度,m/s^2;
　　　h——压力传感器所在位置与液面的垂直高度,m;
　　　ρ——所测液体的密度,kg/m^3。

(四) 磁转子液位计

磁转子液位计与被测贮槽形成连通器,保证被测量贮槽与测量管体间的液位相等。当液位计测量管中的转子随被测液位变化时,转子中的磁性体与显示条上显示色标中的磁性体作用,使其翻转,红色表示有液,白色表示无液,以达到就地准确显示液位的目的。

磁性转子式液位计具有显示直观醒目、不需电源,安装方便可靠,维护量小,维修费用低的优点,是玻璃管、玻璃板液位计的升级换代产品。可广泛应用于石油、化工、电站、制药、冶金、船舶工业、水/污水处理等行业的罐、槽、箱等容器的液位检测。其外观参见图2-9。

根据需要配合磁控液位计使用,可就地数字显示,或输出4~20mA的标准远传电信号,以配合记录仪表,或工业过程自动化控制的需要。也可以配合磁性控制开关或接近开关使用,对液位监控报警或对进液、出液设备进行控制。

图 2-9　磁转子液位计外观

五、流量测量仪表

(一) 玻璃转子流量计

玻璃转子流量计的主要测量元件为一根垂直安装的下小上大锥形玻璃管和在内可上下移动的转子。当流体自下而上经锥形玻璃管时,在转子上下之间产生压差,转子在此差压作用下上升。当此上升的力、转子所受的浮力及黏性升力与转子的重力相等时,转子处于平衡位置。因此,流经玻璃转子流量计的流体流量与转子上升高度,即与玻璃转子流量计的流通面积之间存在着一定的比例关系,转子的位置高度可作为流量量度。常见外观参见图2-10。

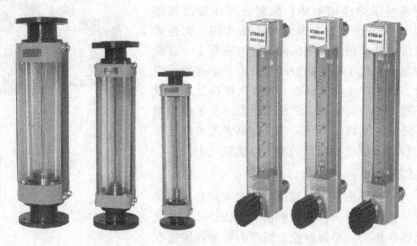

图2-10 玻璃转子流量计外观

玻璃转子流量计主要用于化工、石油、轻工、医药、化肥、化纤、食品、染料、环保及科学研究等各个部门中，用来测量单相非脉动（液体或气体）流体的流量。防腐蚀型玻璃转子流量计主要用于有腐蚀性液体、气体介质流量的检测，例如强酸（氢氟酸除外）、强碱、氧化剂、强氧化性酸、有机溶剂和其他具有腐蚀性气体或液体介质的流量检测。

玻璃转子流量计液体流量均为以20℃清水标定刻度，气体流量均以20℃、101325Pa空气标定刻度。

（二）金属管转子流量计

金属管转子流量计的流量检测元件是由一根自下向上扩大的垂直锥形管和一个沿着锥管轴上下移动的转子组所组成的。其外观参见图2-11。被测流体从下向上经过锥管和转子形成的环隙时，转子上、下端产生差压形成转子上升的力，在某一位置转子所受的浮力与转子重力达到平衡。此时转子与锥管间的流通环隙面积保持一定。当经过流量计的流量增大，转子所受上升力大于浸在流体中转子重力时，转子便上升，环隙面积随之增大，环隙处流体流速立即下降，转子上、下端差压降低，作用于转子的上升力亦随着减少，直到上升力等于浸在流体中转子重力时，转子便稳定在某一高度。转子在锥管中高度和通过的流量有对应关系。此时转子在测量管中上升的位置代表流量的大小，变化转子的位置由内部磁铁传输到外部的指示器，使指示器正确地指示此时的流量值。这就使得指示器壳体不和测量管直接接触，因此，即使安装限位开关或变送器，仪表可用于高温、高压工作条件。

金属管转子流量计必须垂直安装在无振动的管道上。流体自下而上流过流量计，且垂直度优于2°，水平安装时水平夹角优于2°。为了方便检修和更换流量计、清洗测量管道，安装

图2-11 金属管转子流量计外观

在工艺管线上的金属管转子流量计应加装旁路管道和旁路阀；金属管转子流量计入口处应有5倍管径以上长度的直管段，出口应有250mm直管段。

(三) 孔板流量计

当流体流经管道内的孔板时，流道将在孔板处形成局部收缩，因而流速增加，静压力降低，于是在孔板前后便产生了压差。孔板流量计外观及内部结构参见图2-12。

流体流量愈大，产生的压差愈大，这样可依据压差来衡量流量的大小。

现代自动化测量、控制系统中，孔板流量计一般都将标准孔板与多参量差压变送器（或差压变送器、温度变送器及压力变送器）配套组成的高量程比差压流量装置，用于测量气体、蒸汽、液体及天然气的流量。

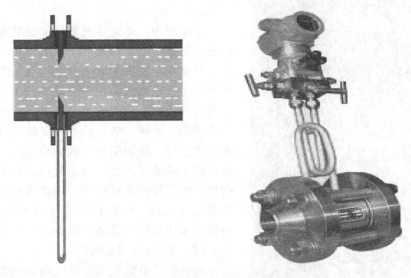

图2-12 孔板流量计

孔板流量计的安装要求：对直管段的要求一般是前10D后5D（D为管子直径），因此在选购孔板流量计时一定要根据流量计的现场工况来选择适合现场工况的流量计。孔板流量计测量腐蚀性液、气体时的安装示意图参见图2-13。

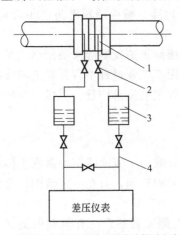

(a) 被测介质相对密度小于隔离液相对密度时

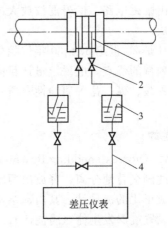

(b) 被测介质相对密度大于隔离液相对密度时

图2-13 孔板流量计测量腐蚀性液体、气体时的安装示意图
1—节流装置；2—截止阀；3—隔离器；4—导压管

孔板流量计的节流元件结构易于制造，简单、牢固，性能稳定可靠，使用期长，价格低廉；应用范围广，全部单相流皆可测量，部分混相流亦可应用；一体型孔板安装更简单，无需引压管，可直接接差压变送器或压力变送器；可同时显示累计流量、瞬时流量、压力、温度；量程范围宽，大于10∶1。

(四) 电磁流量计

电磁流量计（eletromagnetic flowmeters，简称EMF），简单说是由流量传感器和变送器组成的。其外观参见图2-14。

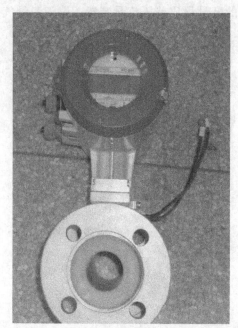

图2-14 电磁流量计外观

电磁流量计是根据法拉第电磁感应定律制成的，电磁流量计用来测量导电液体体积流量的仪表。

工作原理：流量传感器的测量管是一内衬绝缘材料的非导磁合金短管。两只电极沿管径方向穿通管壁固定在测量管上。其电极头与衬里表面基本齐平。励磁线圈由方波脉冲励磁时，将在与测量管轴线垂直的方向上产生一定磁通量密度的工作磁场。此时，如果具有一定的电导率的流体流经测量管，将切割磁力线感应出电动势。电动势正比于磁通量密度、测量管内径与平均流速的乘积。电动势（流量信号）由电极检出并通过电缆送至转换器。转换器将流量信号放大处理后，可显示流体流量，并能输出脉冲、模拟电流等信号，用于流量的控制和调节。

流量传感器是把流过管道内的导电液体的体积流量转换为线性电信号。其转换原理就是著名的法拉第电磁感应定律，即导体通过磁场，切割电磁线，产生电动势。流量传感器的磁场是通过励磁实现的，分直流励磁、交流励磁和低频方波励磁。现在大多流量传感器采用低频方波励磁。

变送器是由励磁电路、信号滤波放大电路、A/D采样电路、微处理器电路、D/A电路、变送电路等组成。

电磁流量计是20世纪50~60年代随着电子技术的发展而迅速发展起来的新型流量测量仪表。由于其独特的优点，电磁流量计目前已被广泛地应用于工业过程中各种导电液体的流量测量，如各种酸、碱、盐等腐蚀性介质；电磁流量计各种浆液流量测量，形成了独特的应用领域。

(五) 涡街流量计

涡街流量计（vortex-shedding flowmeter）：在流体中安放一个非流线型旋涡发生体，使流体在发生体两侧交替地分离，释放出两串规则地交错排列的旋涡，且在一定范围内旋涡分离频率与流量成正比的流量计。其内部结构参见图2-15。

在流体中设置旋涡发生体（阻流体），从旋涡发生体两侧交替地产生有规则的旋涡，这种旋涡称为卡曼涡街。旋涡列在旋涡发生体下游非对称地排列。

涡街流量计由传感器和转换器两部分组成。传感器包括旋涡发生体（阻流体）、检测元件、仪表表体等；转换器包括前置放大器、滤波整形电路、D/A转换电路、输出接口电路、

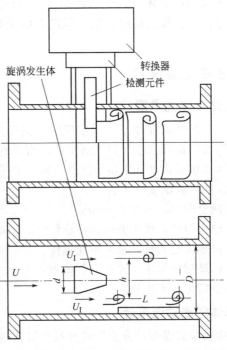

图 2-15　涡街流量计内部结构

端子、支架和防护罩等。近年来智能式流量计还把微处理器、显示通信及其他功能模块亦装在转换器内。

(六) 涡轮流量计

涡轮流量计由涡轮流量变送器和显示仪表组成。涡轮流量计包括涡轮、导流器、磁电感应转换器、外壳及前置放大器等部分。其外观及内部结构参见图2-16。

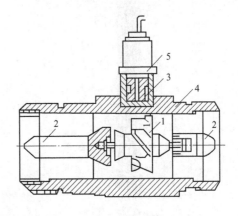

图 2-16　涡轮流量计外观及内部结构示意图
1—涡轮；2—导流器；3—磁电感应转换器；4—外壳；5—前置放大器

涡轮流量计的工作原理：当流体通过安装有涡轮的管路时，流体的动能冲击涡轮发生旋转，流体的流速愈高，动能越大，涡轮转速也就愈高。在一定的流量范围和流体黏度下，涡轮的转速和流速成正比。当涡轮转动时，涡轮叶片切割置于该变送器壳体上的检测线圈所产生的磁力线，使检测线圈磁电路上的磁阻周期性变化，线圈中的磁通量也跟着发生周期性变化,检测线圈产生脉冲信号,即脉冲数。其值与涡轮的转速成正比,也即与流量成正比。这个电信号经前置放大器放大后,即送入电子频率仪或涡轮流量积算指示仪,以累积和指示流量。

六、温度测量仪表

(一) 液体膨胀式温度计

液体膨胀式温度计是利用玻璃泡内的测量物质(水银、酒精、甲苯、煤油等)受热膨胀、遇冷收缩原理来进行温度测量的。常见外观参见图 2-17。

液体膨胀式温度计主要由感温泡的玻璃毛细管、感温物质、刻度标尺三部分组成。

液体膨胀式温度计特点:

① 测量范围:-200~600℃;

② 结构简单,使用方便,价格便宜,精确度较高;

③ 仅能就地测量,示值不能远传;

④ 标尺刻度细小,读数不够清晰;

⑤ 易损坏,无法修复。

(二) 固体膨胀式温度计

固体膨胀式温度计分为杆式和双金属式两种。

1. 双金属式温度计的结构及工作原理

固体膨胀式温度计是利用固体线膨胀原理制造的,线膨胀 δL 与温度变化 δT 的关系为:

$$\delta L = L\alpha\delta T$$

式中　α——固体材料的线膨胀系数。

典型的固体膨胀式温度计是双金属片,它利用线膨胀系数差别较大的两种金属材料制成

图 2-17　液体膨胀式温度计外观

图 2-18　固体膨胀式温度计外观

双层片状元件，在温度变化时因弯曲变形而使其另一端有明显位移，借此带动指针就构成双金属式温度计。其外观参见图 2-18。

双金属式温度计由感温元件、传递机构、指示装置组成。当温度改变时，双金属因膨胀系数不同而弯曲，带动指针转动，批示被测温度 T。

2. 双金属式温度计的结构形式

为了提高灵敏度，则常把双金属体做成直回旋形和盘旋形两种结构形式，参见图 2-19。

3. 双金属式温度计的特点

① 测温范围：$-80 \sim +600$℃；精度有：1 级、1.5 级、2.5 级。

② 结构简单，价格便宜，刻度清晰，使用方便，耐振动。已有代替液体温度计的趋势，消除"汞害"。

③ 适用于振动大的场合。

(三) 热电偶

热电偶（thermocouple），一端结合在一起的一对不同材料的导体，并应用其热电效应实现温度测量的敏感元件。其工作原理参见图 2-20。

热电偶是一种感温元件，是一种仪表。它

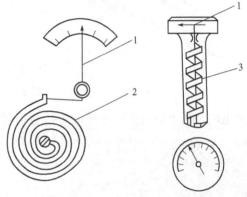

图 2-19 双金属式温度计的结构
1—指针；2,3—双金属体

直接测量温度，并把温度信号转换成热电动势信号，通过电气仪表（二次仪表）转换成被测介质的温度。热电偶测温的基本原理是两种不同成分的材质导体组成闭合回路，当两端存在温度梯度时，回路中就会有电流通过，此时两端之间就存在电动势——热电动势，这就是所谓的塞贝克效应（Seebeck effect）。两种不同成分的均质导体为热电极，温度较高的一端为工作端，温度较低的一端为自由端，自由端通常处于某个恒定的温度下。根据热电动势与温度的函数关系，制成热电偶分度表；分度表是自由端温度在 0℃时的条件下得到的，不同的热电偶具有不同的分度。常见热电偶参见图 2-21。

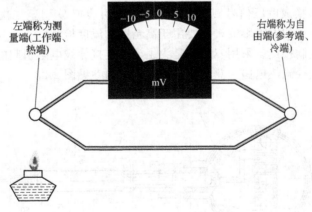

图 2-20 热电偶的工作原理

(四) 热电阻

1. 热电阻的测温原理

热电阻的测温原理是基于导体或半导体的电阻值随着温度的变化而变化的特性。热电阻大都由纯金属材料制成，目前应用最多的是铂和铜，现在也已开始采用镍、锰和铑等材料制

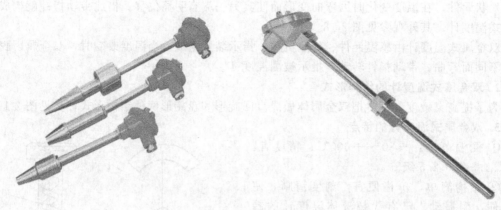

图 2-21 常见热电偶

造热电阻。热电阻通常需要把电阻信号通过引线传递到计算机控制装置或者其他一次仪表上。常见热电阻的外观参见图 2-22。

图 2-22 常见热电阻

目前热电阻的引线主要有三种方式：

① 二线制。在热电阻的两端各连接一根导线来引出电阻信号的方式叫二线制。这种引线方法很简单，但由于连接导线必然存在引线电阻 R，R 大小与导线的材质和长度的因素有关，因此这种引线方式只适用于测量精度较低的场合。

② 三线制。在热电阻的根部的一端连接一根引线，另一端连接两根引线的方式称为三线制，这种方式通常与电桥配套使用，可以较好地消除引线电阻的影响，是工业过程控制中最常用的。

③ 四线制。在热电阻的根部两端各连接两根导线的方式称为四线制，其中两根引线为热电阻提供恒定电流 I，把 R 转换成电压信号 U，再通过另两根引线把 U 引至二次仪表。可见这种引线方式可完全消除引线的电阻影响，主要用于高精度的温度检测。

热电阻采用三线制接法。采用三线制是为了消除连接导线电阻引起的测量误差。

隔爆型保护管变径式热电偶、热电阻的结构示意图参见图 2-23。

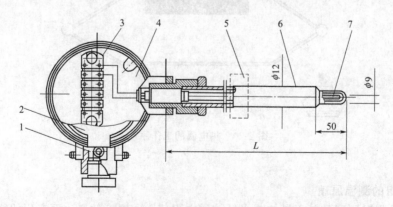

图 2-23 隔爆型保护管变径式热电偶、热电阻的结构示意
1—防松螺钉；2—盖；3—接线板；4—接线盒；5—安装固定装置；6—保护管；7—感温元件

2. 热电阻与热电偶的比较

① 信号的性质不同。热电阻本身是电阻。温度的变化，使电阻产生正的或者是负的阻值变化；而热电偶是产生感应电压的变化，它随温度的改变而改变。

② 两种传感器检测的温度范围不一样。热电阻一般检测 0～150℃温度范围（当然可以检测负温度），热电偶可检测 0～1000℃的温度范围（甚至更高）。所以，前者是低温检测，后者是高温检测。

③ 热电阻与热电偶的材料不同。热电阻是一种金属材料，具有温度敏感变化的金属材料；热电偶是双金属材料，即两种不同的金属，由于温度的变化，在两个不同金属丝的两端产生电势差。

七、控制系统

在自动化系统中，把需要控制其工艺参数的生产设备（包括管道）、机器叫做被控对象。被控对象有时是生产设备的一部分。

被控对象内要求保持设定数值（接近恒定值或预定规律变化）的物理量称为被控变量。

自动化装置是实现化工生产过程自动化的工具，主要包括现场仪表、控制装置和显示装置。现场仪表是指安装在生产装置上的检测仪表和执行器。自动化装置组成示意图参见图 2-24。

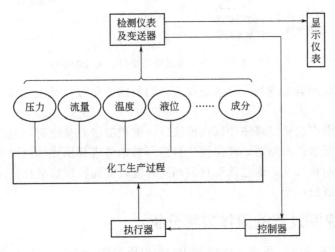

图 2-24　自动化装置组成示意

检测仪表是获取生产过程信息（包括温度、压力、流量、液位、界面、组成等工艺参数）的工具，包括各工艺参数检测的传感器和变送器。

控制装置是生产过程信息处理的工具。它将检测仪表获得的信息根据工艺要求进行各种运算，然后输出控制信号。

执行器是直接改变生产过程信息的执行工具。它依据调节仪表的调节信号或操作人员的操作指令，将信号或指令转换成位移，以实现对生产过程中某些参数的控制。执行器由执行机构和调节阀两部分组成，执行机构按能源划分有气动执行器、电动执行器、液动执行器。

显示装置是显示被测参数数据信息的工具。

组成自动控制系统的装置及仪表的常见类型见图 2-25。

图 2-26 所示是精馏塔塔顶回流槽液位自动化控制系统。精馏塔塔顶回流槽为生产装置即被控对象。液位检测变送器、液位控制器、执行器等构成了自动化装置。液位检测变送

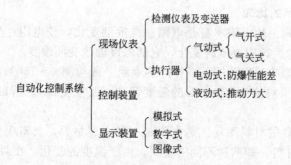

图 2-25 自动控制系统组成及装置、仪表种类

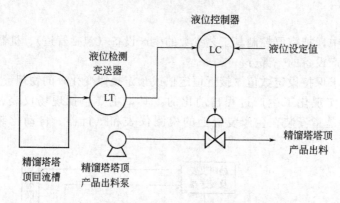

图 2-26 精馏塔塔顶回流槽液位自动化控制系统

器、执行器安装在生产装置现场,是现场仪表。物料的出料液位是该自动化控制系统的被控变量。

当由于某些原因引起精馏塔塔顶回流槽液位(被控变量)变化时,通过液位检测器将该液位变化测量后送至液位控制器,液位控制器根据精馏塔塔顶回流槽液位变化的特性,经过运算输出一个信号给执行器,通过改变自调阀的开度改变加精馏塔塔顶产品出料流量来维持精馏塔塔顶回流槽液位不变。

八、流量自动控制过程的流体力学分析

图 2-27 所示的流体输送系统。反应器 R301 的压力为 250kPa,反应器 R302 的压力为 170kPa,两反应器的压差 $\Delta p=80$kPa,是物料从反应器 R301 流至 R302 的推动力,反应器 R301 的出料流量为 25m³/h。

$$\Delta p = \lambda \times \frac{l+l_e}{d} \times \frac{u^2}{2}\rho \times \frac{1}{1000}$$

式中 $\Delta p=80$kPa 的压差对应一定的流速,对应反应器 R301 的出料流量 25m³/h。

由于外界原因,当反应器 R301 的压力上升至 260kPa 时,两反应器的压差上升至 $\Delta p'=90$kPa。

$$\Delta p' = \lambda \times \frac{l+l_e}{d} \times \frac{u'^2}{2}\rho \times \frac{1}{1000}$$

此时式中 $\Delta p'=90$kPa 的压差对应新的流速 u',对应反应器 R301 的出料流量将增大至 27m³/h。

然后 FIC306 检测到流量 27m³/h 大于设定值 25m³/h 将关小自调阀 FPV306。

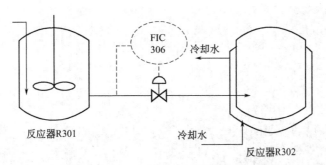

图 2-27 简单流体输送系统图

这样式中 $\Delta p' = \lambda \times \dfrac{l+l'_e}{d} \times \dfrac{u^2}{2} \rho \times \dfrac{1}{1000}$ 中 $\Delta p'=90\text{kPa}$ 的压差，关小自调阀 FPV306 后其当量长度 l_e 将增大至 l'_e，对应的流速为 u，此流速 u 对应反应器 R301 的出料流量将回复至 $25\text{m}^3/\text{h}$。

这里关小自调阀 FPV306 后其当量长度 l_e 将增大至 l'_e，增加了流体通过自调阀 FPV306 的压降，且增加值大于 10kPa，减少了流体通过直管的压降，使流速由 u' 回复到 u，反应器 R301 的出料流量将由 $27\text{m}^3/\text{h}$ 回复至 $25\text{m}^3/\text{h}$。以保证控制变量的稳定。

所以，自动控制系统是通过改变调节阀的开度改变流体通过其的局部阻力，消化外界给系统的扰动，确保控制变量的稳定。显然自动控制系统抗外界干扰的能力是有一定限制的，由此可见当我们操作、调整系统时，幅度不能太大、速度不能太快。

第三章 化工生产中集散控制系统(DCS)简介

集散控制系统（distributed control system，DCS）是计算机控制系统一种结构形式。计算机控制是以自动控制理论和计算机技术为基础的，自动控制理论是计算机控制的理论支柱，计算机技术的发展又促进了自动控制理论的发展与应用。计算机控制系统有多种结构形式，DCS 就是其中的一种。

一、计算机控制系统基础知识

(一) 计算机控制系统的一般概念

计算机控制是关于计算机技术如何应用于工业生产过程自动化的一门综合性学问。计算机控制的应用领域是非常广泛的，从计算机应用的角度出发，工业自动化是其重要的一个领域；而从自动化的领域来看，计算机控制系统又是其主要的实现手段。可以说，计算机控制系统与用于科学计算及数据处理的一般计算机是两类不同用途、不同结构组成的计算机系统。

计算机控制系统是融计算机技术与工业过程控制于一体的综合性技术，它是在常规仪表控制系统的基础上发展起来的。

例如，液位控制系统是一个基本的常规控制系统，结构组成如图 3-1 所示。系统中的测量变送器对被控对象进行检测，把被控量（如温度、压力、流量、液位、转速、位移等物理量）转换成电信号（电流或电压）再反馈到控制器中。控制器将此测量值与给定值进行比较，并按照一定的控制规律产生相应的控制信号驱动执行器工作，使被控量跟踪给定值，从而实现自动控制的目的，原理如图 3-2 所示。

把图 3-2 中的控制器用控制计算机即计算机及其输入/输出通道来代替就构成了计算机控制系统。计算机采用的是数字信号传递，而一次仪表多采用模拟信号传递。因此，系统中需要有将模拟信号转换为数字信号的模/数（A/D）转换器和将数字信号转换为模拟信号的数/模（D/A）转换器。图 3-3 中的 A/D 转换器与 D/A 转换器就表征了计算机控制系统这种典型的输入/输出通道。一个完整的计算机控制系统是由硬件和软件两大部分组成的。

1. 硬件

组成计算机控制系统的硬件一般由主机、常规外部设备、过程输入/输出设备、操作台和通信设备等组成，如图 3-4 所示。

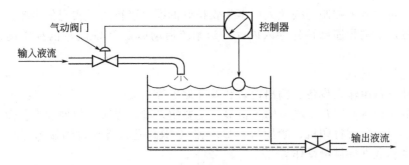

图 3-1　贮液罐液位控制系统

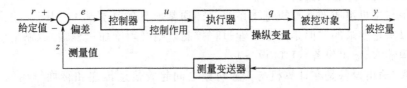

图 3-2　常规仪表控制系统原理框图

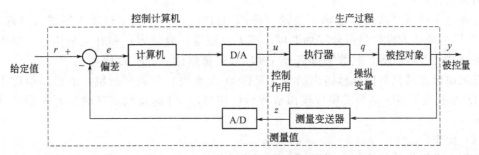

图 3-3　计算机控制系统原理框图

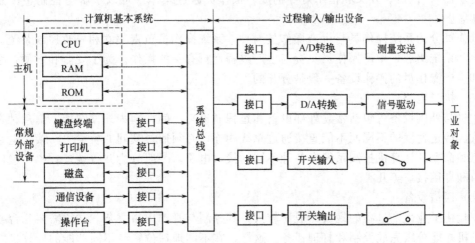

图 3-4　计算机控制系统硬件组成框图

(1) 主机

由中央处理器（CPU）、内存储器（RAM、ROM）和系统总线构成的主机是控制系统的核心。主机根据过程输入通道发送来的实时反映生产过程工况的各种信息，以及预定的控制算法，做出相应的控制决策，并通过过程输出通道向生产过程发送控制命令。

主机所产生的各种控制是按照人们事先安排好的程序进行的。实现信号输入、运算控制和命令输出等功能的程序已预先存入内存,当系统启动后,CPU就从内存中逐条取出指令并执行,以达到控制目的。

(2) 常规外部设备

常规外部设备由输入设备、输出设备和外存储器等组成。

常规的输入设备有键盘、光电输入机等,主要用来输入程序、数据和操作命令。

常规的输出设备有打印机、绘图机、显示器(CRT显示器或数码显示器)等,主要用来把各种信息和数据提供给操作者。

外存储器有磁盘装置(软盘、硬盘和半导体盘)、磁带装置,兼有输入/输出两种功能,主要用于存储系统程序和数据。

外部设备与主机组成的计算机基本系统(即通常所言的计算机),用于一般的科学计算和管理是可以满足要求的,但是用于工业过程控制,则必须增加过程输入/输出设备。

(3) 过程输入/输出设备(I/O设备)

过程输入/输出设备是在计算机与工业对象之间起着信息传递和转换作用的装置,除了其中的测量变送单元和信号驱动单元属于自动化仪表的范畴外,主要是指过程输入/输出通道(简称过程通道)。

过程输入通道包括模拟量输入通道(简称A/D通道)和数字量输入通道(简称DI通道),分别用来输入模拟量信号(如温度、压力、流量、液位等)和开关量信号(继电器触点、行程开关、按钮等)或数字量信号(如转速、流量脉冲、BCD码等)。

过程输出通道包括模拟量输出通道(简称D/A通道)和数字量输出通道(简称DO通道),D/A通道把数字信号转换成模拟信号后再输出,DO通道则直接输出开关量信号或数字量信号。

(4) 操作台

操作台是操作员与系统之间进行人机对话的信息交换工具,一般由显示器(或LED等其他显示器)、键盘、开关和指示灯等构成。操作员通过操作台可以了解与控制整个系统的运行状态。

操作员分为系统操作员与生产操作员两种。系统操作员负责建立和修改控制系统,如编制程序和系统组态;生产操作员负责与生产过程运行有关的操作。为了安全和方便,系统操作员和生产操作员的操作设备一般是分开的。

(5) 接口电路

主机与外围设备(包括常规外部设备和过程通道)之间,因为外设结构、信息种类、传送方式、传送速度的不同而不能直接通过总线相连,必须通过其间的桥梁——接口电路来传送信息和命令。计算机控制系统有各种不同的接口电路,一般分为并行接口、串行接口、管理接口和专用接口等几类。

(6) 通信设备

现代化工业生产过程的规模一般比较大,其控制与管理也很复杂,往往需要几台或几十台计算机才能分级完成控制和管理任务。这样,在不同地理位置、不同功能的计算机之间就需要通过通信设备连接成网络,以进行信息交换。

2. 软件

上述硬件只能构成计算机控制系统的躯体。要使计算机正确地运行以解决各种问题,必须为它编制各种程序。软件是各种程序的统称,是控制系统的灵魂。因此,软件的优劣直接关系到计算机的正常运行、硬件功能的充分发挥及其推广应用。软件通常分为系统软件和应用软件两大类。

系统软件是一组支持系统开发、测试、运行和维护的工具软件，核心是操作系统，还有编程语言等辅助工具。在计算机控制系统中，为了满足实时处理的要求，通常采用实时多任务操作系统。在这种操作环境下，要求将应用系统中的各种功能划成若干任务，并按其重要性赋予不同的优先级，各任务的运行进程及相互间的信息交换由实时多任务操作系统协调控制。另外系统提供的编程语言一般为面向过程或对象的专用语言或编译类语言。

系统软件一般由计算机厂商以产品形式向用户提供。

应用软件是系统设计人员利用编程语言或开发工具编制的可执行程序。对于不同的控制对象，控制和管理软件的复杂程度差别很大。但在一般的计算机控制系统中，以下几类功能模块是必不可少的：过程输入模块、基本运算模块、控制算法模块、报警限幅模块、过程输出模块、数据管理模块等。

作为系统设计人员只有首先了解并会使用系统软件，才能编制出较好的应用软件。而设计开发应用软件，已成为当前计算机控制应用领域中最重要的一个方面。

(二) 计算机控制系统的分类

计算机控制系统与所控制的生产过程密切相关，根据生产过程的复杂程度和工艺要求的不同，系统设计者可采用不同的控制方案。现从控制目的、系统构成的角度介绍几种不同类型的计算机控制系统。

1. 数据采集系统

数据采集系统（data acquisition system，DAS）是计算机应用于生产过程控制最早、也是最基本的一种类型，如图 3-5 所示。

2. 操作指导控制系统

操作指导控制（operation guide control，OGC）系统是基于数据采集系统的一种开环系统，如图 3-6 所示。计算机根据采集到的数据以及工艺要求进行最优化计算，计算出的最优操作条件，并不直接输出控制生产过程，而是显示或打印出来，操作人员据此去改变各个控制器的给定值或操作执行器，如此达到操作指导的作用。显然，这属于计算机离线最优控制的一种形式。

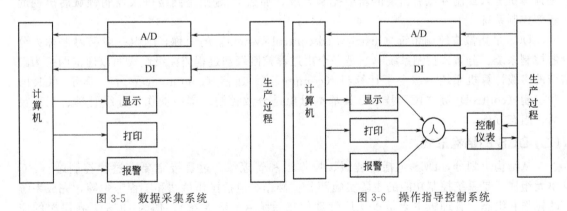

图 3-5　数据采集系统　　　　　　图 3-6　操作指导控制系统

3. 直接数字控制系统

直接数字控制（direct digital control，DDC）系统是用一台计算机不仅完成对多个被控参数的数据采集，而且能按一定的控制规律进行实时决策，并通过过程输出通道发出控制信号，实现对生产过程的闭环控制，如图 3-7 所示。为了操作方便，DDC 系统还配置一个包括给定、显示、报警等功能的操作控制台。

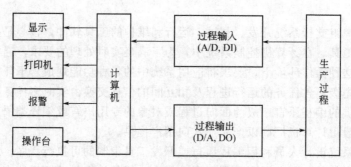

图 3-7 直接数字控制系统

4. 分散控制系统

随着生产规模的扩大，信息量的增多，控制和管理的关系日趋密切。对于大型企业生产的控制和管理，不可能只用一台计算机来完成。于是，人们研制出以多台微型计算机为基础的分散控制系统（distributed control system，DCS）。DCS 采用分散控制、集中操作、分级管理、分而自治和综合协调的设计原则，自下而上可以分为若干级，如过程控制级、控制管理级、生产管理级和经营管理级等。DCS 又称分布式或集散式控制系统。

5. 其他计算机控制系统

如可编程逻辑控制器（programmable logical controller，PLC）、可编程调节器（programmable controller，PC）、现场总线控制系统（fieldbus control system，FCS）等。

二、集散式控制系统

(一) 概念

DDC 将所有控制回路的计算都集中在主 CPU 中，这引起了可靠性问题和实时性问题。随着系统功能要求的不断增加，性能要求的不断提高和系统规模的不断扩大，这两个问题更加突出。经过多年的探索，在 1975 年出现了 DCS，这是一种结合了仪表控制系统和 DDC 两者的优势而出现的全新控制系统，它很好地解决了 DDC 存在的两个问题。如果说，DDC 是计算机进入控制领域后出现的新型控制系统，那么 DCS 则是网络进入控制领域后出现的新型控制系统。

DCS 是集散式控制系统（distributed control system）的简称，国内一般又习惯称为分散控制系统、分布式控制系统。它是一个由过程控制级和过程监控级组成的以通信网络为纽带的多级计算机系统，综合了计算机（computer）、通信（communication）、显示（CRT）和控制（control）等 "4C" 技术，其基本思想是分散控制、集中操作、分级管理、配置灵活、组态方便。

(二) DCS 的结构形式

从结构上划分，DCS 包括过程级、操作级和管理级。过程级主要由过程控制站、I/O 单元组成，是系统控制功能的主要实施部分。操作级包括操作员站和工程师站等，完成系统的操作和组态。管理级主要是指工厂管理信息系统（MIS 系统），作为 DCS 更高层次的应用。DCS 控制系统结构参见图 3-8。

过程级在现场的表现形式多为过程控制站，过程控制站是 DCS 系统的核心。

DCS 的过程控制站是一个完整的计算机系统，主要由电源、CPU（中央处理器）、网络接口和 I/O 组成。

I（input 输入）/O（output 输出）：控制系统需要建立信号的输入和输出通道，这就是

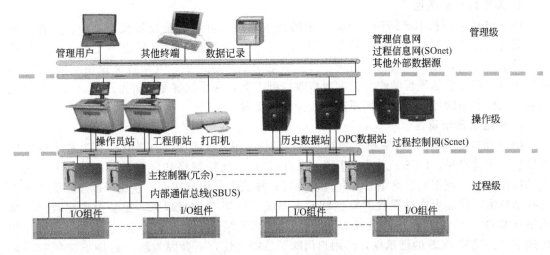

图 3-8 DCS 控制系统结构

I/O。DCS 中的 I/O 一般是模块化的，一个 I/O 模块上有一个或多个 I/O 通道，用来连接传感器和执行器（调节阀）。

I/O 单元：通常，一个过程控制站是由几个机架组成的，每个机架可以摆放一定数量的模块。CPU 所在的机架被称为 CPU 单元，同一个过程站中只能有一套 CPU 单元，其他用来摆放 I/O 模块的机架就是 I/O 单元。

（三）DCS 的特点

1. 分散性和集中性

DCS 分散性的含义是广义的，不单是分散控制，还有地域分散、设备分散、功能分散和危险分散的含义。分散的目的是使危险分散，进而提高系统的可靠性和安全性。

DCS 硬件积木化和软件模块化是分散性的具体体现。因此，可以因地制宜地分散配置系统。DCS 横向分子系统结构，如直接控制层中一台过程控制站（PCS）可看做一个子系统；操作监控层中的一台操作员站（OS）也可看做一个子系统。

DCS 的集中性是指集中监视、集中操作和集中管理。DCS 通信网络和分布式数据库是集中性的具体体现，用通信网络把物理分散的设备构成统一的整体，用分布式数据库实现全系统的信息集成，进而达到信息共享。因此，可以同时在多台操作员站上实现集中监视、集中操作和集中管理。当然，操作员站的地理位置不必强求集中。

2. 自治性和协调性

DCS 的自治性是指系统中的各台计算机均可独立地工作。例如，过程控制站能自主地进行信号输入、运算、控制和输出；操作员站能自主地实现监视、操作和管理；工程师站的组态功能更为独立，既可在线组态，也可离线组态，甚至可以在与组态软件兼容的其他计算机上组态，形成组态文件后再装入 DCS 运行。

DCS 的协调性是指系统中的各台计算机用通信网络互联在一起，相互传送信息，相互协调工作，以实现系统的总体功能。DCS 的分散和集中、自治和协调不是互相对立，而是互相补充的。DCS 的分散是相互协调的分散，各台分散的自主设备是在统一集中管理和协调下各自分散独立地工作，构成统一的有机整体。正因为有了这种分散和集中的设计思想、自治和协调的设计原则，才使 DCS 获得进一步发展，并得到广泛的应用。

3. 灵活性和扩展性

DCS硬件采用积木式结构，类似儿童搭积木那样，可灵活地配置成小、中、大各类系统。另外，还可根据企业的财力或生产要求，逐步扩展系统，改变系统的配置。DCS软件采用模块式结构，提供各类功能模块，可灵活地组态构成简单、复杂各类控制系统。另外，还可根据生产工艺和流程的改变，随时修改控制方案，在系统容量允许范围内，只需通过组态就可以构成新的控制方案，而不需要改变硬件配置。

4. 先进性和继承性

DCS综合了"4C"（计算机、控制、通信和屏幕显示）技术，随着这"4C"技术的发展而发展。也就是说，DCS硬件上采用先进的计算机、通信网络和屏幕显示；软件上采用先进的操作系统、数据库、网络管理和算法语言；算法上采用自适应、预测、推理、优化等先进控制算法，建立生产过程数学模型和专家系统。DCS自问世以来，更新换代比较快。当出现新型DCS时，老DCS作为新DCS的一个子系统继续工作，新、老DCS之间还可互相传递信息。这种DCS的继承性，给用户消除了后顾之忧，不会因为新、老DCS之间的不兼容，给用户带来经济上的损失。

5. 可靠性和适应性

DCS的分散性带来系统的危险分散，提高了系统的可靠性。DCS采用了一系列冗余技术，如控制站主机、I/O板、通信网络和电源等均可双重化，而且采用热备份工作方式，自动检查故障，一旦出现故障立即自动切换。DCS安装了一系列故障诊断与维护软件，实时检查系统的硬件和软件故障，并采用故障屏蔽技术，使故障影响尽可能地小。DCS采用高性能的电子元器件、先进的生产工艺和各项抗干扰技术，可使DCS能够适应恶劣的工作环境。DCS设备的安装位置可适应生产装置的地理位置，尽可能满足生产的需要。DCS的各项功能可适应现代化大生产的控制和管理需求。

6. 友好性和新颖性

DCS为操作人员提供了友好的人机界面（HMI）。操作员站采用彩色显示器和交互式图形画面，常用的画面有总貌、组、点、趋势、报警、操作指导和流程图画面等。由于采用图形窗口、专用键盘、鼠标或球标器等，使得操作简便。DCS的新颖性主要表现在人机界面，采用动态画面、工业电视、合成语音等多媒体技术，图文并茂，形象直观，使操作人员有如身临其境之感。

第二部分
环己烷氧化制环己酮操作与控制

第四章 生产原理及工艺特点

本套"教、学、做一体化综合实训装置"采用环己烷氧化制环己酮的生产工艺,以环己烷和空气为原料,在绝对压力(简称绝压)1150kPa、温度165℃的条件下进行无催化氧化反应[控制转化率在3.5%(摩尔分数)左右],氧化生成的环己基过氧化氢在分解器里以最佳的分解条件(一定的相比、碱度和钴盐浓度)分解成环己醇和环己酮,并得到少量醛、酯副产物。经碱分离,有机相进入烷精馏单元(三效精馏),分离未反应的环己烷、醇、酮和醛、酯进入皂化工序,除去醛、酯,醇、酮进入干燥工序,制得粗醇、酮产品供酮精制单元,从而得到最终产品——环己酮。

一、吸收单元生产原理及工艺特点

本单元主要由热回收系统和尾气吸收系统组成。本单元的主要任务是将由烷精馏单元来的环己烷以及氧化系统氧化尾气中的环己烷提纯、回收及处理后以便为后续氧化单元提供原料以制得环己基过氧化氢。

1. 热回收系统

热回收系统主要由冷却洗涤塔、烷水分离器以及直接热交换塔组成。热回收系统主要是将精馏系统来的冷环己烷与氧化系统氧化尾气接触,通过洗涤、分离、换热等单元操作,最终将达到条件的环己烷送入氧化系统。

2. 尾气吸收系统

尾气吸收系统主要由尾气吸收塔及氨冷系统组成。尾气吸收系统主要利用环己烷脱氢装置来的醇酮液将热回收系统尾气中的环己烷吸收,最终将吸收液再送至后续单元处理。

二、氧化单元生产原理及工艺特点

本单元生产目的是将环己烷在空气作用下无催化氧化得到含环己基过氧化氢的氧化液,经过分解、碱分离后制得含环己醇和环己醛的氧化产物,醋酸钴被用作分解反应的催化剂。

1. 氧化、分解反应

以环己烷和空气为原料,在绝压1150kPa、温度165℃的条件下进行无催化氧化反应,氧化生成的环己基过氧化氢在分解反应器里催化分解成环己酮、环己醇。

环己烷被空气氧化成环己基过氧化氢，其反应式为：

$$C_6H_{12}+O_2 \xrightarrow[1050kPa(g)]{165℃} C_6H_{11}OOH+Q$$

氧化系统得到的环己基过氧化氢，在分解系统分解为环己酮（C）、环己醇（B）和副产物，反应式如下：

$$C_6H_{11}OOH+C_6H_{12} \xrightarrow[NaOH+Co(Ac)_2 \text{溶液}]{85℃/300kPa(g)} C_6H_{11}OH+C_6H_{10}O+\text{副产物}+Q$$

2. 碱分离

来自分解反应器 R202 的分解液进入废碱分离器 S218，依靠两相密度差进行重力沉降分离成有机相氧化产物和无机相废碱液。

3. 废水汽提

来自废碱分离器 S218 的碱液进入废水汽提塔 C211，通过向废水汽提塔再沸器 E217 加入的低压蒸汽使废碱中的烷、醇、酮等有机物及部分水汽化。汽提出废碱液中的有机物。

三、烷精馏单元生产原理与工艺特点

本单元主要由环己烷精制系统和皂化系统组成。本单元的主要任务是将前面废碱分离系统有机相经过环己烷精馏系统的闪蒸罐及精馏塔把没有反应的环己烷分离出来，以及通过皂化反应回收醇、酯中可溶性醇，以便在酮精制单元中与环己酮或环己醇分离。

1. 环己烷精制系统

环己烷精制系统主要由闪蒸罐及三个精馏塔组成。主要目的是通过精制系统把没有反应的环己烷从废碱分离系统有机相分离出来。

2. 皂化系统

皂化反应的目的是利用氢氧化钠回收醇、酯中可溶性醇，除去氧化产物中酯类和醛类，使其转化为高沸点缩合产物，以便在精制系统中与环己酮或环己醇分离。

四、酮精制单元生产原理与工艺特点

在该单元为环己酮精制，目的是将氧化产品和脱氢产品中粗醇、酮混合物通过精馏初馏塔塔顶分离出轻组分，醇塔塔釜排出重组分，在酮塔塔顶制得高质量的环己酮，在醇塔塔顶制得合格的环己醇。

1. 干燥塔

干燥塔的目的是干燥来自盐萃塔 C312 的塔顶产品和脱氢单元的产品，为后序的精馏单元做准备。

2. 初馏塔

初馏塔的目的是除去粗醇、酮产品中含有的一些低沸点杂质，如戊醇、丁醇、环戊酮、2-己酮和3-己酮等。如果不除去这些杂质，将会最终影响己内酰胺的质量。这些杂质作为初馏塔 C402 的塔顶产品而被移走。

3. 酮塔

酮塔的目的是分离酮、醇和重组分，酮塔 C403 塔顶获得精酮，供后续 2 段使用或以成品出厂；酮塔 C403 塔釜的醇和其他一些重组分供醇塔 C404 进料。

4. 醇塔

醇塔的目的是分离醇和重组分，醇作为醇塔 C404 塔顶产品从高沸物杂质中分离出来，供脱氢岗位进料，塔釜产品——含高沸物的有机残液排到残液罐 T8801（锅炉房）。

第五章 生产流程说明

一、吸收单元生产流程说明

(一) 吸收单元生产流程框图

(二) 吸收单元生产流程叙述

1. 冷却洗涤塔 C101

目的：将从直接热交换塔 C102 过来的环己烷气体和水汽与塔顶下降的冷环己烷接触而冷凝下来。

温度约 67℃ 的冷环己烷自烷回流槽 V302 由冷烷回流泵 P305 经冷却器 E101 打到冷却洗涤塔 C101，这股物料的一小部分经 E101 冷却到 35℃（由 TI101 测量）送入冷却洗涤塔 C101 的顶部；另一部分物料经 E101 的旁路直接进入塔的上部，这一路是通过 TIC105 控制塔顶温度约 45℃。冷环己烷的循环量由 FIC101 控制，总流量为 138m³/h。

从直接热交换塔 C102 过来的环己烷气体和水汽从冷却洗涤塔 C101 的底部进入，与塔顶下降的冷环己烷接触传热而冷凝下来。下降液体汇于塔底由泵 P104 打到烷水分离器

S101；含有饱和环己烷的尾气进入尾气吸收塔 C111 以回收其中的环己烷。

冷却洗涤塔 C101 塔顶温度为 45℃，使吸收系统不致超负荷，塔底温度约 120℃，操作压力基本上与氧化釜相同，塔底有高低液位联锁。

2. 烷水分离器 S101

目的：依靠重力沉降将来自冷却洗涤塔 C101 的液体分成无机相（酸水）和有机相（环己烷）两相。

烷水分离器 S101 将由冷却洗涤塔 C101 塔底部来的水和环己烷混合物进行分离，水和环己烷在分离器中分层，上层为环己烷，下层为酸水，两层的界面由 LLIC103 控制。在进料挡板口的高度分离后的酸水与废碱分离器 S218 分离出废碱液混合后进入废碱蒸发系统以回收溶解的环己醇和环己酮；分离后的烷层经 LPV102 控制去直接热交换塔 C102 的塔顶。S101 的操作压力取决于 P104 的出口压力，为安全起见，其顶部安全阀 PSV108 设定在 1650kPa（表压）。

3. 直接热交换塔 C102

目的：将来自氧化反应器尾气中的环己烷气体冷凝。

来自精馏单元的 116℃ 左右的循环烷在 V301 中经烷泵 P301 输送，控制正常流量为 86m³/h，与从烷水分离器 S101 来的环己烷分别送入直接热交换塔 C102 的顶部。与此同时，氧化釜氧化尾气进入塔底，该尾气温度为 164℃（由 TI109 显示），在填料层与塔顶下来的环己烷逆流接触，使尾气中的烷冷凝下来。塔底的环己烷由 P105 送入 E102 加热到预期的反应温度再送去氧化单元，塔顶气体进入冷却洗涤塔 C101 的塔底，C102 塔顶温度正常在 140℃ 左右（由 TI102 显示），一般不得低于 125℃，以免氧化尾气中的水被冷凝带入氧化釜。

4. 尾气吸收塔 C111

目的：回收来自冷却洗涤塔 C101 塔顶不凝气体中的环己烷。

来自冷却洗涤塔 C101 的氧化尾气和环己烷精馏系统 K301 送来的惰性气体一起进入尾气吸收塔 C111 的底部。在尾气吸收塔 C111 的下填料层中，上升的氧化尾气与环己酮、环己醇液体相接触，此醇、酮吸收液有两部分：一是尾气吸收塔 C111 底液，此醇酮液中约含有 30%（质量分数）的环己烷，其由循环泵 P111 经过吸收塔循环深冷器 E115 打到塔中部循环，循环流量约 15m³/h（由 FI111 显示），在深冷器 E115 管内，循环醇酮液的温度降至 10℃，温度由 TIC119 控制；二是塔上部下来的醇酮液，不含环己烷，此不含环己烷的醇酮液来自环己醇脱氢装置，由泵输送至尾气吸收塔进料深冷器 E114，温度由 TIC115 控制，从 50℃ 冷却到 10℃ 后进入 C111 塔顶，流量由 FIC112 控制在约 1.7m³/h。

在 C111 吸收后的醇酮液由塔底经过 LIC111 控制调节去皂化混合器 V312，经吸收后的氧化尾气经过 C111 顶的除沫器捕集醇酮液滴后通过 PPV111 离开界区，同时该阀由 PIC111 控制保持冷却洗涤塔 C111 顶部压力在 1070kPa（表压），从而控制着整个环己烷氧化系统、冷却洗涤塔 C101 和直接热交换塔 C102 的压力，冷却洗涤塔 C111 顶部温度为 10℃，它受进入冷却洗涤塔 C111 顶醇酮液的温度的影响，顶部温度升高，会导致吸收效果差，增加环己烷的损失。

液氨由氨缓冲罐供到深冷器 E114、E115 分别由 PIC114 和 PIC117 控制在 333kPa（表压）下蒸发，同 TIC115 和 TIC119 通过控制液氨进入 E114 和 E115 的量，从而达到调节吸收液温度的目的。正常操作时该温度控制在 10℃，蒸发后的气氨离开界区去气氨吸收塔。

二、氧化单元生产流程说明

(一) 生产流程框图

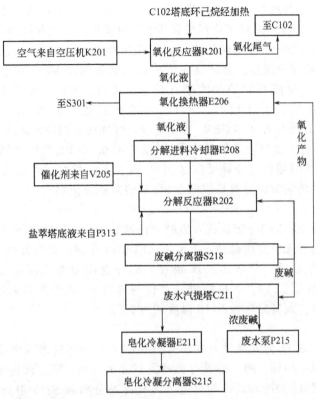

(二) 氧化单元生产流程叙述

氧化单元生产目的是将环己烷氧化得到含环己基过氧化氢的氧化液，经过分解、碱分离后制得含环己醇和环己酮的氧化产物作为闪蒸罐 S301 的进料，废碱在废水汽提塔 C211 中浓缩处理。

1. 氧化

氧化系统所用的环己烷由加料泵 P105 经氧化进料加热器 E102 打入氧化反应器 R201。从氧化进料加热器 E102 出来的环己烷温度为 170℃，氧化所需空气由空气压缩机 K201 提供，空气压力由 PIC281 控制在 1250kPa（g），烷和空气在氧化反应器 R201 中进行无催化氧化反应，主要产物是环己基过氧化氢。氧化釜的空气通入量由 FIC231 控制，氧化釜的空气进料设有低流量联锁开关 FSL231。在氧化反应中，反应热是靠环己烷蒸发，由氧化尾气带走的，再通过热回收系统回收此反应热。

氧化反应的温度由反应釜上的热电偶测量，TI231 指示，而 TR221 记录趋势，该温度正常操作时为 160～165℃；氧化反应器 R201 的压力由设置于尾气吸收塔 C111 的尾气管线上的 PPV111 控制，PIC111 正常设定值为 1070kPa（g），而在吸收和热回收系统的压降约为 75kPa，因此氧化反应器的压力约为 1100kPa（g），此压力由 PI227 指示。在此条件下，并经氧化反应器上搅拌器的作用，最后含环己基过氧化氢和其他氧化产物的环己烷氧化液流出氧化反应器 R201，为了提高环己烷的收率，减少平行副反应，氧化单程转化率控制在约 3.5%（摩尔分数），此氧化液由氧化反应器 R201 通过 LIC226 控制流进氧化换热器 E206，在此与废碱分离器来的有机相进行热交换，然后进分解进料冷却器 E208，经 TIC291 控制温度约60℃后进入分解反应器R202。中压氮用于当氧化尾气中氧浓度超标时切断氧化反应器R201通入的空气，用中压氮吹扫氧化、热回收和吸收系统，流量约为6000m³/h。

2. 分解

氧化反应中生成的环己基过氧化氢在分解反应器R202中碱性条件下被钴盐催化剂选择性分解成环己酮和环己醇。来自氧化反应器R201的氧化液在氧化换热器E206进行热交换并在分解进料冷却器E208中冷却到约60℃，该温度由TIC291控制，然后进入分解反应器R202与催化剂和碱液充分混合。分解反应的催化剂醋酸钴在V205中溶于水，溶液连续加入分解反应器R202；反应所需的碱液来自盐萃塔C312塔底，由P313加入分解反应器R202。在分解反应器R202中温度约为85℃，压力控制在700kPa(g)，分解反应器R202压力由PIC291调节，压力升高则PPV291-2打开，气体排入烷精馏塔冷凝器E305，压力下降则PPV291-1打开充入氮气。分解反应器R202中有机相与无机相之间的相比由废碱液分离器S218底部来的废碱控制。分解反应器R202安装有搅拌器以保证有机相和无机相之间充分混合。分解后的液相流出分解反应器R202后进入碱分离器。

3. 废碱分离

来自分解反应器R202的分解液进入废碱分离器S218，依靠两相密度差进行重力沉降分离成有机相氧化产物和无机相废碱液，界面由LLIC214控制，低界面联锁LLSL219在分离器碱液面过低时产生联锁。分离出的废碱液一部分返回分解反应器R202，一部分经过LLPV214去废水汽提塔C211。有机相进入氧化换热器E206管程与来自氧化反应器R201的氧化液进行热交换。废碱分离器S218温度约为95℃。

4. 废水汽提

来自废碱分离器S218的碱液进入废水汽提塔C211，通过向废水汽提塔再沸器E217加入的低压蒸汽使废碱中的烷、醇、酮等有机物及部分水汽化。废水汽提塔C211汽提出的有机物在皂化冷凝器E211中冷却，冷却后进入皂化冷凝分离器S215中分离。汽提后的水由废水泵P215送入下水系统。正常时废水汽提塔C211的温度是由T1228指示在约102℃。

三、烷精馏单元生产流程说明

(一) 烷精馏单元生产流程框图

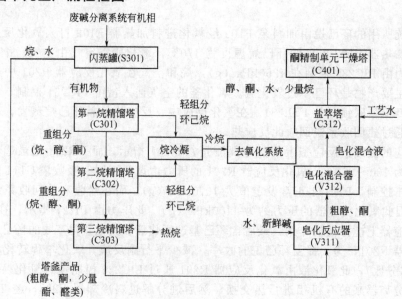

(二) 环己烷精馏生产流程简述

1. 环己烷精制流程简介

环己烷精制部分主要是通过三个精馏塔把没有反应的环己烷分离出来。

从废碱分离系统来的有机相进入环己烷精馏系统的闪蒸罐S301，在S301闪蒸出约6%的环己烷和77%（质量分数）的水，闪蒸的气相经PV301进入第三烷精馏塔C303，S301的压力由PIC301控制在700kPa（g），液位由LIC302控制，塔釜液体经LV302进入第一环己烷精馏塔C301。另外在S301顶还有一中压氮气软管，以备开、停车使用。

从S301进入C301的物料约有38%环己烷被蒸发，剩余部分由塔釜通过LV305进入第二烷精馏塔C302，C301液位由LIC305控制；C301塔顶蒸出的环己烷进入C302的再沸器E302，在此冷凝的环己烷自流到第一环己烷冷凝槽V301，C301的压力由PIC305控制在500kPa（g），在E302中的未冷凝的环己烷蒸气通过PV305进入烷精馏冷凝器E305，为了保证获得良好的塔顶产品，C301回流量由FIC303控制在21238kg/h。由FIC302控制通入再沸器E301中的中压蒸汽约为11000kg/h，此蒸汽为大环己烷回路的主要推动力，C301顶温由TI311指示约为143℃，塔釜温度由TI320指示约为147℃。

来自C301塔底的物料约116335kg/h进入第二烷精馏塔C302，有大约56%的C301进料环己烷在此蒸发，其余物料由LIC308控制经LV308进入第三烷精馏塔C303，C302塔顶产品进入C303的再沸器E303，冷凝液自流到V301，蒸汽进入E303，E303中的未冷凝的环己烷蒸气通过PV309进入E305，C302正常的回流量由FIC305控制在25220kg/h，C302塔顶压力由PIC309控制在206kPa（g），顶温由TI322指示在约123℃，釜温TI321指示在约125℃。

来自C302的塔釜物料约79393kg/h进入第三烷精馏塔C303，同时还有S301闪蒸的气相也进入C303。C303的塔顶产物与E302和E303的气相一起去冷凝器E305，冷凝后的物料进入烷回流槽V302，而没有冷凝的烷和惰性气体到尾气冷凝器E306，继续冷凝冷却。含有饱和环己烷的尾气由E306经分离器S303去尾气压缩机K301，压缩气体一部分去氧化尾气吸收塔C111，一部分由PIC361控制经PV361进S303以调节C303系统压力，C303回流量由FIC354控制在22601kg/h，在C303大塔釜温度控制在107℃，由TI324指示。

在C303小塔釜通过再沸器E304通入中压蒸汽，以蒸去多余的环己烷，保证塔釜出料醇、酮中含烷量在2%～5%，由TIC327控制小塔釜温度在143℃，小塔底部产品由底液泵P302经LIC329控制后送到皂化反应器V311，其流量约为6616kg/h。

如前已述，C301和C302的塔顶产品汇集至V301，而C303的塔顶产品汇集到V302，V301内的物料除了一部分由P308输送至C301和C302作为回流，另有相当一部分由P301送至C102顶部作为热烷循环，此热烷温度为116℃以充分利用能量，热烷流量由FIC326控制在58113kg/h，V301液位由LIC327控制，V302内的冷烷则由P309作为回流送到C303，该冷烷温度约67℃，由于部分环己烷被氧化，V302必须补充环己烷，流量由LIC354控制，FI354指示流量在约5727kg/h。

2. 皂化系统生产流程叙述

皂化反应的目的是利用氢氧化钠回收醇、酯中可溶性醇，除去氧化产物中酯类和醛类，使其转化为高沸点缩合产物，以便于在精制系统与环己酮或环己醇分离。

从C303来的粗醇、酮，经P302送入皂化反应器V311，在V311加入工艺水和新鲜碱，保持V311有机相与无机相体积比为90:10，通常工艺水流量为1873kg/h；新鲜碱则由碱罐经泵供应，其流量由FIC352控制在120.6kg/h，以保证V311中碱度在0.8～1.0mmol/g。

有机相和无机相进入 V311 并在此由搅拌器 AGV311 充分混合进行反应,混合液经过溢流管线进入混合器 V312。皂化反应器 V311 和混合器 V312 内均为常压,皂化反应器 V311 进料温度为 143℃,随着进料中少量烷与水恒沸蒸发,V311 内温度降至 94~100℃,而在混合器 V312 内,由泵 P5607 由皂化分离器 S5605 加入环己烷,此环己烷的量由 JV312 控制在约 3887kg/h,以便于有机相和无机相在盐萃塔中充分分离,由于加入了环己烷,使 V312 中由于烷水恒沸蒸发而使温度进一步降至 68℃,在 V312 的有机相中还有来自尾气吸收塔 C111 的物料以及从火炬分离罐由泵间歇送来的物料,为保证 V312 中有较好的混合效果,泵 P312 出口有部分流量返回 V312。

物料在 V312 中混合后,由泵 P312 经 LIC351 控制送入盐萃塔 C312 底部,并在这里分成有机、无机两相:含碱的无机相通过 P313 送到 R202,C312 的界面由 LLIC352 控制;有机相上升与下降的工艺水接触,此工艺水由 P5812 从水封槽 V404 送到 C312 顶部,流量由 FIC354 控制在 3576kg/h,以洗去有机相中夹带的钠盐,有机相依靠压差送去干燥塔 C401。

四、酮精制单元生产流程说明

(一)酮精制单元生产流程框图

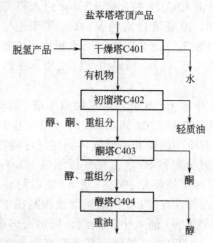

(二)酮精制单元生产流程叙述

1. 干燥塔 C401

目的:干燥来自盐萃塔 C312 的塔顶产品和脱氢单元的产品,为后序的精馏单元做准备。

盐萃塔 C312 塔顶产品依靠压差送入干燥塔 C401 顶部,总的流量为 3.6551kg/s;另一股进料来自于脱氢单元,从塔中部进入,总的流量为 0.9778kg/s。干燥塔塔顶产品(水和少量有机物)送至皂化冷凝器,温度为 81℃,压力为 107kPa,流量为 1.4345kg/s;塔底产品(有机物,基本不含水)从塔釜流出,流量为 3.1984kg/s,温度为 166℃,压力为 140kPa,并经泵 P402 送至粗醇、酮罐 T402 和初馏塔 C402,粗醇、酮罐 T402 是粗醇、酮制备岗位与精制岗位之间的缓冲罐,由于醇、酮在高温下易发生缩合反应,所以应尽量减少粗醇、酮在 T402 的停留时间。塔釜由 LIC402 和 FIC412 控制塔釜的液高低,并有 LAH403 高液位报警。

干燥塔 C401 塔釜连有再沸器 E401,热源为中压蒸汽,FIC401 控制蒸汽的流量,调控塔底蒸汽回流量。

2. 初馏塔 C402

目的：除去粗醇、酮产品中含有的一些低沸点杂质，如戊醇、丁醇、环戊酮、2-己酮和3-己酮等。如果不除去这些杂质，将会最终影响己内酰胺的质量。这些杂质作为初馏塔C402的塔顶产品而被移走。

粗醇、酮来自于粗醇酮罐 T402 和干燥塔 C401，塔釜经泵 P406 加料至初馏塔 C402 第38块塔板，流量由 FIC402 控制，正常流量为 3.1984kg/s。初馏塔 C402 塔顶回流液来自回流槽 V401，经泵 P405 回流入塔，LIC403 调节回流量，流量为 3.1838kg/s，并维持回流槽V401液位。轻质油通过泵 P405A/B 送到锅炉房，FIC406 控制轻质油的出料量为 0.0212kg/s。

初馏塔 C402 塔釜连接有再沸器 E402，产生塔底蒸汽回流入塔，并有 TIC401 和 LIC411（温度、液位串级），调控初馏塔 C402 的液位和再沸器 E402 的温度。

酮、醇和重组分作为初馏塔 C402 塔底产品由底液泵 P404 送到酮塔 C403 处理，LIC407控制塔釜液位，在正常操作过程中，此流量为 3.1768kg/s，温度为 150℃。

初馏塔 C402 塔顶气相轻组分（轻质油），流量为 3.212kg/s，温度为 118℃，经冷凝器 E403 和气体冷却器 E404 冷凝冷却后，冷凝液流入回流槽 V401。冷却水先流经 E404，再流入 E403；未凝气体经气体冷却器 E404 后进入真空装置 X401。真空装置 X401 维持初馏塔 C402 的塔顶压力为 53kPa。

真空装置 X401 叙述：

系统真空由初馏塔真空装置 X401 产生，初馏塔真空装置 X401 为单级真空装置，由喷射泵 J402 和冷凝器 E405 组成，中压蒸汽进入喷射泵 J402，抽吸来自冷凝器 E404 的未冷凝气体，并进入冷凝器 E405，混合汽在冷凝器 E405 冷凝，冷凝液排入水封槽 V404。真空装置 X401 排空管线上装有止回阀，防止空气进入初馏塔 C402。

3. 酮塔 C403

目的：分离酮、醇和重组分，酮塔 C403 塔顶获得精酮，供后续 2 段使用或以成品出厂；酮塔 C403 塔釜的醇和其他一些重组分供醇塔 C404 进料。

初馏塔 C402 塔底产物由初馏塔底液泵 P404 送至酮塔 C403 下段结构填料的上部，作为酮塔 C403 进料。酮塔 C403 的回流从回流槽 V402 由回流泵 P408 经 FPV427 供到酮塔 C403 顶部，流量由 FIC428 控制，流量为 9.2122kg/s。醇、重组分和少部分酮由底液泵 P407 经 LPV427 供到醇塔 C404，流量为 1.5454kg/s，LIC427 与 FIC427 串级控制塔釜液位。

再沸器 E406 通中压蒸汽为酮塔蒸发提供热源，由 FIC426 控制。酮塔 C403 塔顶气相经冷凝器 E407 冷凝和气体冷却器 E408 冷凝冷却后，冷凝液流进回流槽 V402，未凝性气体从气体冷却器 E408 进入真空装置 X402。一部分冷凝的塔顶产品从回流槽 V402 由回流泵 P408 经冷却器 E411 送入精酮贮罐 T403。

真空装置 X402 叙述：

真空装置 X402 维持酮塔 C403 的塔顶压力为 7~10kPa。X402 由第一级喷射泵 J403，第一级冷凝器 E409，第二级喷射泵 J404，第二级冷凝器 E410 组成。喷射泵 J403 通中压蒸汽，混合汽在第一级冷凝器 E409 冷凝，未凝性气体进入第二级喷射泵 J404，喷射泵 J404 通中压蒸汽，混合汽在第二级冷凝器 E410 冷凝，冷凝器 E409 与 E410 的冷凝液都排入水封槽 V404，冷凝器 E409 与 E410 通入冷却水，冷却水先流经 E409 再流入 E410。真空装置 X402 排空管线上装有止回阀，防止空气吸入酮塔 C403。PIC426 通过旁路阀 PPV426 调节开度引入回流来维持酮塔 C403 的塔顶压力为 7~10kPa。

4. 醇塔 C404

目的：分离醇和重组分，醇作为醇塔 C404 塔顶产品从高沸物杂质中分离出来，供脱氢岗位进料，塔釜产品——含高沸物的有机残液排到残液罐 T8801（锅炉房）。

酮塔 C403 塔釜底液由酮塔底液泵 P407 送至醇塔 C404 第 9 块塔板，作为醇塔 C404 的进料，流量为 1.5454kg/s。从脱氢岗位分离器 S5905 中的物料返回醇塔 C404 塔釜，流量为 0.2543kg/s。

醇塔 C404 的回流由回流泵 P411 从回流槽 V403 供到醇塔 C404 塔顶，流量由 FIC405 控制，流量为 3.5602kg/s，一部分冷凝的塔顶产品从回流槽 V403 由回流泵 P411 送入醇贮罐 T404，LIC455 维持回流槽 V403 液位。含少部分醇的塔釜残液由醇塔 C404 塔底液泵 P410 送到残液罐 T8801（锅炉房），流量由 FIC453 控制，流量为 0.0991kg/s。LIC452 指示醇塔 C404 塔釜液位。

醇塔 C404 塔顶气相经冷凝器 E413、气体冷却器 E414 冷凝冷却后，冷凝液流入回流槽 V403。冷却水先流经气体冷却器 E414，再流经冷凝器 E413，不凝性气体夹带饱和的醇从气体冷却器 E414 进入真空装置 X403。

再沸器 E412 通高压蒸汽为醇塔 C404 蒸发提供热源，由 FIC452 控制。

真空装置 X403 叙述：

真空装置 X403 维持醇塔 C404 的压力为 3~9kPa，X403 由第一级喷射泵 J405，第一级冷凝器 E415，第二级喷射泵 J406，第二级冷凝器 E416 组成。喷射泵 J405 通中压蒸汽，混合汽在第一级冷凝器 E415 中冷凝，未凝性气体进入第二级喷射泵 J406，喷射泵 J406 通中压蒸汽，混合汽在第二级冷凝器 E416 中冷凝，冷凝器 E415 与 E416 的冷凝液排入水封槽 V404。冷凝器 E415 和 E416 通冷却水，冷却水先流经冷凝器 E415 再流入冷凝器 E416。真空装置 X403 排空管线上装有止回阀，防止空气吸入醇塔 C404。PIC451 通过旁路阀 PPV451 的开度调节真空装置 X403 的负荷，维持醇塔 C404 的塔顶压力为 3~9kPa。由 FIC452 控制的再沸器 E412 的高压蒸汽通量来维持。

第六章 设备一览表

一、吸收单元设备总览（包括塔、泵、热交换器）

序 号	设备位号	设备名称	设备原理
1	E101	C101冷却器	换热器
2	C101	冷却洗涤塔	填料吸收塔设备
3	P104A/B	C101塔底液泵	
4	S101	烷水分离器	
5	C102	直接热交换塔	填料吸收塔设备
6	P105A/B	氧化系统加料泵	
7	E102	进料冷却器	
8	C111	尾气吸收塔	填料吸收塔设备
9	P111A/B	C111循环泵	
10	E114/115	吸收循环深冷器	利用氨蒸发冷却
11	S112	油分离器	

二、氧化单元设备总揽（包括反应釜、泵、热交换器）

序 号	设备位号	设备名称	设备原理
1	R201	氧化反应器	带鼓泡的搅拌反应釜
2	K201	空压机	离心式
3	E206	氧化换热器	列管式
4	E208	分解进料冷却器	列管式
5	R202	分解反应器	带搅拌反应釜
6	V205	催化剂混合槽	带搅拌
7	P206A/B	催化剂泵	计量泵

续表

序 号	设备位号	设 备 名 称	设 备 原 理
8	S218	废碱分离器	内有集液斜板
9	P219	增压泵	离心式
10	C211	废水汽提塔	
11	E217	废水汽提塔再沸器	
12	P215A/B	废水泵	
13	E211	皂化冷凝器	列管式
14	S215	皂化冷凝分离器	

三、烷精馏单元设备总览(包括反应器、塔、泵、热交换器)

序 号	设备位号	设 备 名 称	设 备 原 理
1	S301	闪蒸罐	利用平衡蒸馏,蒸出少量烷和大部分水
2	E301	烷一塔再沸器	换热器
3	C301	烷一塔	精馏塔、通过一次精馏将环己烷与重组分分离
4	P301A/B	热烷泵	
5	E302	烷二塔再沸器	换热器
6	C302	烷二塔	精馏塔、通过二次精馏将环己烷与重组分分离
7	P308	烷一、二塔回流泵	
8	V301	烷冷凝槽	
9	E303	烷三塔再沸器	换热器
10	C303	烷三塔	精馏塔、通过三次精馏将环己烷与重组分分离
11	E304	烷三塔小釜再沸器	换热器
12	E305	烷精馏塔冷凝器	冷凝器
13	P302	氧化产品泵	
14	P309	烷三塔回流泵	
15	V302	回流槽	
16	P305	冷烷回流泵	
17	T312	烷罐	
18	P311	冷烷循环泵	
19	S303	分离器	
20	E306	气体冷却器	冷却器
21	K301	尾气压缩机	
22	V311	皂化反应器	皂化反应的目的是利用氢氧化钠回收醇酯液中可溶性醇,除去氧化产物中酯类和醛类
23	V312	皂化混合器	
24	P312	皂化混合槽泵	
25	P313A/B	盐萃塔塔底液泵	
26	C312	盐萃塔	由泵P312送入盐萃塔C312底部,并在塔内分成有机、无机两相

四、酮精制单元设备总揽(包括贮罐、塔、泵、热交换器、真空装置)

序号	设备位号	设备名称	设备原理
1	C401	干燥塔	筛板塔
2	C402	初馏塔	筛板塔($N=60$)
3	C403	酮塔	填料塔(波纹—结构填料)
4	C404	醇塔	筛板塔($N=30$)
5	E401	干燥塔再沸器	列管式
6	E402	初馏塔再沸器	列管式
7	E403	初馏塔冷凝器	列管式
8	E404	初馏塔气体冷却器	列管式
9	E405	X401系统冷却器	列管式
10	E406	酮塔再沸器	列管式
11	E407	酮塔冷凝器	列管式
12	E408	酮塔气体冷却器	列管式
13	E409	X402系统一级冷凝器	列管式
14	E410	X402系统二级冷凝器	列管式
15	E411	酮冷却器	列管式
16	E412	醇塔再沸器	列管式
17	E413	醇塔冷凝器	列管式
18	E414	醇塔气体冷却器	列管式
19	P402	干燥塔釜液泵	
20	P404	初馏塔釜液泵	电机功率1.85kW
21	P405A/B	初馏塔回流泵	
22	P406	初馏塔加料泵	电机功率8.8kW
23	P407	酮塔釜液泵	电机功率1.3kW
24	P408	酮塔回流泵	电机功率7.5kW
25	P410	醇塔釜液泵	电机功率1.3kW
26	P411A/B	醇塔回流泵	电机功率7.5kW
27	T402	粗醇酮贮罐	带排放冷凝器容积1800m^3
28	T403	酮贮罐	容积1450m^3
29	T404	醇贮罐	
30	V401	初馏塔回流槽	
29	V402	酮塔回流槽	
30	V403	醇塔回流槽	
31	X401	初馏塔真空装置	由J402,E405组成
32	X402	酮塔真空装置	由J403/J404,E409/E410组成
33	X403	醇塔真空装置	由J405/J406,E415/E416组成

第七章 主要操作条件及工艺指标

一、吸收单元主要操作条件及工艺指标

位 号		单 位	正常值	备 注
C101（冷却洗涤塔）				
流量	FIC101	kg/h	100514	冷烷循环量
温度	TIC105	℃	45	C101 顶温
	TI101		40	E101 出口冷烷温度
压力	PI120/121	kPa（绝压）	1080	P104A/B 进口压力
	PI103/104		1150	P104A/B 出口压力
液位	LIC102	%	50	C101 塔釜液位
S101（烷水分离器）				
界面	LLIC103	%	50	S101 中水、油相界面
压力	PSV108	kPa（绝压）	<1650	S101 安全压力
C102（直接热交换塔）				
流量	FI102	kg/h	211462	C102 塔底出口环己烷流量
温度	TI102	℃	145	C102 顶温
	TI109		164	R201 氧化尾气进口温度
	TIC130		159	C102 至 R201 环己烷温度
压力	PI122/123	kPa（绝压）	1100	P105A/B 进口压力
	PI105/106		1200	P104A/B 出口压力
液位	LIC105	%	50	C102 塔釜液位
C111（尾气吸收塔）				
流量	FIC112	kg/h	1611	进入 C111 塔顶醇酮液流量
	FI111	kg/h	14223	C111 中部醇酮液循环量

续表

	位号	单位	正常值	备注
温度	TIC115	℃	10	E114出口醇酮液温度
	TIC119		10	E115出口醇酮液温度
压力	PIC111	kPa(绝压)	1070	C111塔顶压力
	PI124/125		1100	P111A/B进口压力
	PI115/116		1150	P111A/B出口压力
	PIC114		333	E114压力
	PIC117		333	E115压力
液位	LIC111	%	50	C111塔釜液位
	LI114		50	E114液位
	LI115		50	E115液位

二、氧化单元主要操作条件及工艺指标

	位号	单位	正常值	备注
		R201(氧化反应器)		
流量	FIC231	kg/h	11384	K201空气至R201
温度	TI231	℃	165	R201温度
压力	PI281	kPa	1250(g)	空气出口压力
	PI227	kPa	1100(g)	R201压力
液位	LIC226	—	60%	R201液位
		V205(催化剂混合槽)		
液位	LI227		50%	V205液位
		P206(催化剂泵)		
压力	PI241	kPa	1150(g)	P206A出口压力
	PI243	kPa	1150(g)	P206B出口压力
		R202(分解反应器)		
压力	PIC291	kPa	700(g)	R202压力
温度	TI210	℃	96	R202温度
液位	LIC291	—	50%	R202液位
		S218(废碱分离器)		
界面	LLIC214	—	50	
流量	FIC291	kg/h	32504	S218至R202
		P219A/B(增压泵)		
压力	PI244	kPa	400(g)	P219A进口压力
	PI246	kPa	400(g)	P219B进口压力
	PI245	kPa	850(g)	P219A出口压力
	PI247	kPa	850(g)	P219B出口压力

续表

位号		单位	正常值	备注
C211(废水汽提塔)				
温度	TI228	℃	102	C211塔底温度
P215A/B(废水泵)				
压力	PI248	kPa	50(g)	P215A进口压力
	PI250	kPa	50(g)	P215B进口压力
	PI249	kPa	200(g)	P215A出口压力
	PI251	kPa	200(g)	P215B出口压力

三、烷精馏单元主要操作条件及工艺指标

位号		单位	正常值	备注
S301(闪蒸罐)				
压力	PIC301	kPa(表压)	700	S301压力
	PI320	kPa(表压)	700	S301压力
	LIC302	%	50	S301液位
C301(烷一塔)				
压力	PIC305	kPa(表压)	500	C301压力
	PI321	kPa(表压)	500	C301塔顶压力
	LIC305	%	50	C301液位
温度	TI311	℃	143	C301塔顶温度
	TI320	℃	147	C301塔釜温度
流量	FIC303	kg/h	21238	烷一塔回流量
C302(烷二塔)				
温度	TI321	℃	125	C302塔釜温度
	TI322	℃	123	C302塔顶温度
压力	PIC309	kPa(表压)	206	C302压力
	PI324	kPa(表压)	206	C302塔顶压力
	FIC305	kg/h	25330	烷二塔回流量
C303(烷三塔)				
液位	LIC308	%	50	C303液位
	LIC329	%	50	C303液位
温度	TI323	℃	143	C303小塔釜温度
	TI324	℃	107	C303大塔釜温度
	TI325	℃	83	C303塔顶温度
	TI328	℃	91.5	C303塔顶温度
流量	FIC354	kg/h	26001	烷三塔回流量
S303(分离器)				
压力	PIC361	kPa(表压)	2	S303压力

续表

位号		单位	正常值	备注
E301(烷一塔再沸器)				
流量	FIC302	kg/h	11000	E301再沸器蒸汽流量
E302(烷二塔再沸器)				
液位	LIC307	%	50	E302液位
V301(烷冷凝槽)				
液位	LIC327	%	50	V301液位
V302(回流槽)				
液位	LIC354	%	50	V302液位
V311(皂化反应器)				
流量	FIC351	kg/h	120.6	NaOH流量
	FIC352	kg/h	1873	V311的水流量
V312(皂化混合器)				
液位	LIC351	%	50	V312液位
C312(盐萃塔)				
高度	LLIC352	%	50	C312相界面高度
流量	FIC361	kg/h	3576	C312的水流量
P301A/B(热烷泵)				
压力	PI311A	kPa(表压)	206	P301A进口压力
	PI311B	kPa(表压)	0	P301B进口压力
	PI312A	kPa(表压)	1200	P301A出口压力
	PI312B	kPa(表压)	0	P301B出口压力
P313A/B(盐萃塔塔底液泵)				
压力	PI315A	kPa(表压)	300	P313A进口压力
	PI315B	kPa(表压)	0	P313B进口压力
	PI316A	kPa(表压)	1200	P313A出口压力
	PI316B	kPa(表压)	0	P313B出口压力
P311(冷烷循环泵)				
压力	PI319	kPa(表压)	0	P311进口压力
	PI323	kPa(表压)	150	P311出口压力
流量	FI354	kg/h	5727	P311泵出口流量

四、酮精制单元主要操作条件及工艺指标

位号		单位	正常值	备注
C401(干燥塔)				
流量	FIC401	kg/h	5164	蒸汽至干燥塔再沸器E401
	FIC412	kg/h	11514	干燥塔C401塔底至T402、C402

续表

位号		单位	正常值	备注
温度	TI411	℃	81	干燥塔 C401 塔顶温度
	TI410	℃	166	干燥塔 C401 塔底温度
液位	LIC402	%	50	干燥塔 C401 塔底液位
T402（粗醇酮贮罐）				
液位	LI412	%	10	粗醇酮贮罐 T402 液位
温度	TI412	℃	80	粗醇酮贮罐 T402 温度
C402（初馏塔）				
液位	LIC411	%	50	初馏塔再沸器 E402
	LIC407	%	50	初馏塔 C402 塔釜液位
温度	TIC401	℃	150	初馏塔 C402 塔釜与 LIC411 联锁
	TI414	℃	118	初馏塔 C402 塔顶温度
	TI413	℃	150	初馏塔 C402 塔釜温度
压力	PI411	kPa	−47	初馏塔 C402 塔顶压力
	PI410	kPa	−32	初馏塔 C402 塔釜压力
流量	FIC402	kg/h	11514	至初馏塔 C402
V401（初馏塔回流槽）				
液位	LIC403	%	50	初馏塔回流槽 V401 液位
温度	TI415	℃	90	初馏塔回流槽 V401 温度
压力	PI412	kPa	10	初馏塔回流泵 P405A/B 入口压力
	PI413	kPa	50	初馏塔回流泵 P405A/B 出口压力
流量	FIC406	kg/h	76.32	初馏塔回流槽至锅炉房
C403（酮塔）				
流量	FIC426	kg/h	8100	酮塔再沸器 E406 蒸汽流量
	FIC427	kg/h	5563	酮塔 C403 塔釜液至 C404
	FIC428	kg/h	33164	酮塔 C403 塔顶蒸汽至 E411
温度	TI426	℃	131	酮塔 C403 塔釜与 E406 联锁温度
	TI417	℃	72	酮塔 C403 塔顶温度
	TI416	℃	131	酮塔 C403 塔釜温度
	TI402	℃	120	酮塔 C403 上部温度
压力	PI414	kPa	−94	酮塔 C403 塔顶压力
	PI415	kPa	−79	酮塔 C403 塔釜压力
	PIC426	kPa	−94	酮塔 C403 塔顶压力与 X402 联锁
液位	LIC427	%	50	酮塔 C403 塔釜液位
V402（酮塔回流槽）				
温度	TI418	℃	62	酮塔回流槽 V402 温度
T403（酮贮罐）				
温度	TI419	℃	50	酮贮罐 T403 温度

续表

位号		单位	正常值	备注
压力	PI416	kPa	0	酮贮罐 T403 压力
液位	LI421	%	60	酮贮罐 T403 液位
	LIC429	%	50	酮贮罐 T403 液位与回流槽 V402 联锁
E411(酮冷却器)				
温度	TIC422	℃	50	酮冷却器 E411 与冷却水联锁
C404(醇塔)				
压力	PI452	kPa	3000	醇塔再沸器 E412
	PI417	kPa	−94	醇塔 C404 塔顶压力
	PI420	kPa	−79	醇塔 C404 塔釜压力
温度	TI420	℃	160	醇塔 C404 塔釜温度
	TI421	℃	89	醇塔 C404 塔顶温度
流量	FIC405	kg/h	1281	醇塔 C404 塔顶回流
液位	LIC452	%	50	醇塔 C404 塔釜液位
V403(醇塔回流槽)				
温度	TI423	℃	79	醇塔回流槽 V403 温度
压力	PI420	kPa	0	醇塔回流泵 P411A/B 出口压力
	PI419	kPa	−50	醇塔回流泵 P411A/B 入口压力
T404(醇贮罐)				
液位	LI451	%	50	醇贮罐 T404 液位
	LIC455	%	50	醇贮罐 T404 与回流槽 V403 联锁

第八章 操作规程

一、吸收单元操作规程

(一) 吸收单元冷态开车步骤

操作明细	操作步骤说明
检查公用工程	检查冷却水、电、蒸汽等公用工程,要求其都具备、到位,氮气有足够储量
氮气置换、充压	**C101、C102、C111 氮气置换、充压**(要求氧含量<2%):
	打开氮气进口阀 JV117
	关闭 C111 塔顶压力 PIC111 压力控制阀旁路阀 PV111C
	打开 PIC111 压力控制阀前阀 PV111A
	打开 PIC111 压力控制阀后阀 PV111B
	打开 PIC111 压力控制阀 PPV111,进行氮气置换
	5s 后关闭 PPV111,进行氮气充压
	当 PIC111 显示接近 1070kPa(表压),将 PIC111 投自动,设定值为 1070kPa(表压)
	关闭氮气进口阀 JV117
	E114、E115 氮气置换(要求氧含量<0.5%):
	打开氮气进口阀 JV115
	打开 E115 排油阀 HV115
	打开 E114 排油阀 HV114
	关闭 E115 压力控制 PIC117 压力控制阀旁路阀 PV117C
	打开 PIC117 压力控制阀前阀 PV117A
	打开 PIC117 压力控制阀后阀 PV117B
	打开 PIC117 压力控制阀 PPV117
	关闭 E114 压力控制 PIC114 压力控制阀旁路阀 PV114C
	打开 PIC114 压力控制阀前阀 PV114A

续表

操作明细	操作步骤说明
氮气置换、充压	打开 PIC114 压力控制阀后阀 PV114B
	打开 PIC114 压力控制阀 PPV114
	打开氮气出口阀 JV116,进行氮气置换
	5s 后关闭氮气进口阀 JV115
	关闭排油阀 HV115
	关闭排油阀 HV114
	关闭氮气出口阀 JV116
氨冷系统充氨	**E114、E115 充氨：**
	打开氮气出口阀 JV116
	关闭 TIC115 温度控制阀旁路阀 TV115C
	打开 TIC115 温度控制阀前阀 TV115A
	打开 TIC115 温度控制阀后阀 TV115B
	打开 TPV115 向 E114 缓慢充液氨,并从排空管线缓慢排除系统中的氮气
	关闭 TIC119 温度控制阀旁路阀 TV119C
	打开 TIC119 温度控制阀前阀 TV119A
	打开 TIC119 温度控制阀后阀 TV119B
	打开 TPV119 向 E115 缓慢充液氨,并从排空管线缓慢排除系统中的氮气
	10 秒后关闭氮气出口阀门 JV116
	E114 中液氨液位达到 50%时,关闭 TPV115,调整 TPV115 维持液位为 50%
	E115 中液氨液位达到 50%时,关闭 TPV119,调整 TPV119 维持液位为 50%
	将 PIC114 投自动,设定为 333kPa(表压)
	将 PIC117 投自动,设定为 333kPa(表压)
开冷却器、冷凝器冷却水	**冷却洗涤塔 C101 塔顶冷却器 E101：**
	打 E101 排气阀 HV120
	打开上水阀门 HV140A
	有水从排气阀排出来时,5s 后关闭排气阀 HV120
	打开下水阀门 HV140B
环己烷进料	**S101 加工艺水：**
	打开进工艺水进口阀 JV119 加工艺水
	当 LLIC103 达到 50%时,关闭 JV119
	C101 充料：
	关闭 C101 塔顶流量控制阀旁路阀 FV101C
	打开 C101 塔顶流量控制阀前阀 FV101A
	打开 C101 塔顶流量控制阀后阀 FV101B
	打开 C101 塔顶流量控制阀 FPV101
	关闭 C101 塔顶温度控制阀旁路阀 TV105C
	打开 C101 塔顶温度控制阀前阀 TV105A

续表

操作明细	操作步骤说明
环己烷进料	打开 C101 塔顶温度控制阀后阀 TV105B
	打开 C101 塔顶温度控制阀 TPV105
	S101 充料：
	当 C101 的液位上升至 50% 时，关闭 C101 塔底液位控制阀旁路阀 LV102C
	打开 C101 塔底液位控制阀前阀 LV102A
	打开 C101 塔底液位控制阀后阀 LV102B
	关闭 S101 相界面控制阀旁路阀 LLV103C
	打开 S101 相界面控制阀前阀 LLV103A
	打开 S101 相界面控制阀后阀 LLV103B
	关闭泵 P104A 排液阀 HV160C
	打开泵 P104A 入口阀 HV160A
	打开泵 P104A 出口阀 HV160B
	排气后关闭泵 P104A 出口阀 HV160B
	启动泵 P104A
	打开泵 P104A 出口阀 HV160B
	打开 C101 塔底液位控制阀 LPV102，调整 LPV102 的开度，维持 C101 塔釜液位 50%
	打开 S101 相界面控制阀 LLPV103，调整 LLPV103 的开度，维持相界面 50%
	C102 充料：
	打开 P301 至 C102 管线阀门 JV104
	打开 R201 至 C102 管线阀门 JV302
	当 C102 液位上升到 50% 时，关闭 C102 塔底液位控制阀旁路阀 LV105C
	打开 C102 塔底液位控制阀前阀 LV105A
	打开 C102 塔底液位控制阀后阀 LV105B
	关闭泵 P105A 排液阀 HV162C
	打开泵 P105A 入口阀 HV162A
	打开泵 P105A 出口阀 HV162B
	排气后关闭泵 P105A 出口阀 HV162B
	启动泵 P105A
	打开泵 P105A 出口阀 HV162B
	打开 C102 塔底液位控制阀 LPV105，调整阀门开度，维持 C102 塔釜液位 50%
系统热循环	启动加热器 E102：
	关闭 R201 进料温度控制阀旁路阀 TV130C
	打开 R201 进料温度控制阀前阀 TV130A
	打开 R201 进料温度控制阀前阀 TV130B
	打开 R201 进料温度控制阀 TPV130，向加热器 E102 供中压蒸汽升温
	打开排气阀 HV121
	5s 后关闭排气阀 HV121
	关闭疏水阀旁路阀 HV116C
	打开疏水阀前截止阀 HV116A

续表

操作明细	操作步骤说明
系统热循环	打开疏水阀后截止阀 HV116B
	当 R201 进料温度 TIC130 达到 159℃,将 TIC130 投自动,设定值为 159℃
醇酮混合液进料	**C111 充料:**
	打开 TPV115
	关闭醇酮混合液流量控制阀旁路阀 FV112C
	打开醇酮混合液流量控制阀前阀 FV112A
	打开醇酮混合液流量控制阀后阀 FV112B
	打开醇酮混合液流量控制阀 FPV112
	调整 TPV115 阀门开度,使 TIC115 接近 10℃
	打开 K301 至 C111 管线阀门 JV309
	打开 TPV119
	当 C111 液位到达 50% 时,关闭泵 P111A 排液阀 HV164C
	打开泵 P111A 入口阀 HV164A
	打开泵 P111A 出口阀 HV164B
	排气后关闭泵 P111A 出口阀 HV164B
	启动泵 P111A
	打开泵 P111A 出口阀 HV164B
	打开 P111 泵出口阀 HV117
	调整 TPV119 的开度,使 TIC119 接近 10℃
	关闭 C111 塔底液位控制阀旁路阀 LV111C
	打开 C111 塔底液位控制阀前阀 LV111A
	打开 C111 塔底液位控制阀后阀 LV111B
	打开 C111 塔底液位控制阀 LPV111,调整 LPV111 的开度,维持塔釜液位 50%
	注意控制 E114、E115 的压力、温度
系统联调	**C101 调整:**
	FIC101 流量显示接近 100514kg/h 时,将 FIC101 投自动,设定值 100514kg/h
	TIC105 温度显示接近 45℃,将 TIC105 投自动,设定值为 45℃
	C101 塔釜液位接近 50% 时,LIC102 投自动,设定值为 50%
	S101 调整:
	S101 相界面接近 50% 时,将 LLIC103 投自动,设定值为 50%
	将 LLSL104 去动作
	C102 调整:
	C102 塔釜液位接近 50% 时,将 LIC105 投自动,设定值为 50%
	C111 调整:
	FIC112 流量接近 1611kg/h 时,将 FIC112 投自动,设定值为 1611kg/h
	C111 塔釜液位接近 50% 时,将 LIC111 投自动,设定值为 50%
	氨冷系统调整:
	TIC115 温度显示接近 10℃ 时,将 TIC115 投自动,设定值为 10℃
	TIC119 温度显示接近 10℃ 时,将 TIC119 投自动,设定值为 10℃
	将 LSH116 去动作

（二）吸收单元停车步骤

操作明细	操作步骤说明
直接热交换塔 C102 停车	停 E102 蒸汽：
	逐步关小控制阀 TPV130 至关闭
	关闭 R201 进料温度控制阀前阀 TV130A
	关闭 R201 进料温度控制阀后阀 TV130B
	关闭疏水阀前截止阀 HV116A
	关闭疏水阀后截止阀 HV116B
	C102 停止进料：
	关闭 P301 至 C102 管线阀门 JV104
	关闭 R201 至 C102 管线阀门 JV302
	C102 停止出料：
	关闭 C102 塔底液位控制阀 LPV105
	关闭 C102 塔底液位控制阀前阀 LV105A
	关闭 C102 塔底液位控制阀后阀 LV105B
	关闭泵 P105A 出口阀 HV162B
	停泵 P105A
	关闭泵 P105A 入口阀 HV162A
	打开泵 P105A 排液阀 HV162C
	打开泄液阀 JV102，排液至停车物料收集系统
	当塔釜液位降到 30% 时，关闭泄液阀 JV102，维持塔釜液位在 30% 左右
冷却洗涤塔 C101 停车	**C101 停止进料：**
	关闭 C101 塔顶流量控制阀 FPV101
	关闭 C101 塔顶流量控制阀前阀 FV101A
	关闭 C101 塔顶流量控制阀后阀 FV101B
	关闭 C101 塔顶温度控制阀 TPV105
	关闭 C101 塔顶温度控制阀前阀 TV105A
	关闭 C101 塔顶温度控制阀后阀 TV105B
	C101 停止出料：
	关闭 C101 塔底液位控制阀 LPV102
	关闭 C101 塔底液位控制阀前阀 LV102A
	关闭 C101 塔底液位控制阀后阀 LV102B
	关闭泵 P104A 出口阀 HV160B
	停泵 P104A
	关闭泵 P104A 入口阀 HV160A
	打开泵 P104A 排液阀 HV160C
	打开泄液阀 JV101，排液至停车物料收集系统

续表

操作明细	操作步骤说明
冷却洗涤塔 C101 停车	当塔釜液位降到 30% 时,关闭泄液阀 JV101,维持塔釜液位在 30% 左右
	S101 停止出料：
	关闭 S101 相界面控制阀 LLPV103
	关闭 S101 相界面控制阀前阀 LLV103A
	关闭 S101 相界面控制阀后阀 LLV103B
	打开泄液阀 JV103,排液至停车物料收集系统
	当烷水分离器液位降到 30% 时,关闭泄液阀 JV103,维持液位在 30% 左右
吸收塔 C111 停车	**C111 停止充料：**
	关闭 K301 至 C111 管线阀门 JV309
	关闭醇酮混合液流量控制阀 FPV112
	关闭醇酮混合液流量控制阀前阀 FV112A
	关闭醇酮混合液流量控制阀后阀 FV112B
	C111 停止出料：
	关闭泵 P111 出口阀 HV117
	关闭泵 P111A 出口阀 HV164B
	停泵 P111A
	关闭泵 P111A 入口阀 HV164A
	打开泵 P111A 排液阀 HV164C
	关闭 C111 塔底液位控制阀 LPV111
	关闭 C111 塔底液位控制阀前阀 LV111A
	关闭 C111 塔底液位控制阀后阀 LV111B
	打开泄液阀 JV111,排液至停车物料收集系统
	当塔釜液位降到 30% 时,关闭泄液阀 JV111,维持塔釜液位在 30% 左右
	当压力达到常压后,关闭塔顶压力控制阀 PPV111
	关闭塔顶压力控制阀前阀 PV111A
	关闭塔顶压力控制阀后阀 PV111B
氨冷系统停车	**E114 停车：**
	关闭 TIC115 温度控制阀 TPV115
	关闭 TIC115 温度控制阀前阀 TV115A
	关闭 TIC115 温度控制阀后阀 TV115B
	当压力达到常压后,关闭 PIC114 压力控制阀 PPV114
	关闭 PIC114 压力控制阀前阀 PV114A
	关闭 PIC114 压力控制阀后阀 PV114B
	E115 停车：
	关闭 TIC119 温度控制阀 TPV119
	关闭 TIC119 温度控制阀前阀 TV119A
	关闭 TIC119 温度控制阀后阀 TV119B

续表

操作明细	操作步骤说明
氮冷系统停车	当压力达到常压后,关闭 PIC117 压力控制阀 PPV117
	关闭 PIC117 压力控制阀前阀 PV117A
	关闭 PIC117 压力控制阀后阀 PV117B
冷却器停车	冷却洗涤塔 C101 塔顶冷却器 E101 停冷却水:
	关闭上水阀门 HV140A
	关闭冷却水出口阀 HV140B
操作单元	正常停车

二、氧化单元操作规程

(一) 氧化单元冷态开车步骤

操作明细	操作步骤说明
开车准备	该过程历时 8s
	检查公用工程:
	检查冷却水、电、蒸汽、仪表风等公用工程,要求其都具备、到位,N_2 储量足够
	系统氮气置换:
	打开氮气置换入口阀 JV210
	打开空气流量控制阀前阀 FV231A
	打开空气流量控制阀后阀 FV231B
	打开空气流量控制阀 FPV231
	打开氧化反应器 R201 液位控制阀前阀 LV226A
	打开氧化反应器 R201 液位控制阀后阀 LV226B
	打开氧化反应器 R201 液位控制阀 LPV226
	打开废碱分离器 S218 进料阀门 HV280
	打开废碱分离器 S218 界面控制阀前阀 LLV214A
	打开废碱分离器 S218 界面控制阀后阀 LLV214B
	打开废碱分离器 S218 界面控制阀 LLPV214
	打开 C211 氮气出口阀 JV212
	当氧含量低于 2%(体积)时,关闭氮气出口阀 JV212
	关闭空气流量控制阀 FPV231
	关闭氧化反应器 R201 液位控制阀 LPV226
	关闭废碱分离器 S218 进料阀门 HV280
	关闭废碱分离器 S218 界面控制阀 LLPV214
	关闭氮气置换入口阀 JV210
	开冷却器、冷凝器冷却水,排气:
	分解进料冷却器 E208:
	打开冷却器 E208 排气阀 HV220
	打开上水阀门 HV240A

续表

操作明细	操作步骤说明
开车准备	5s 后有水从排气阀 HV220 排出来时,关闭排气阀 HV220
	打开下水阀门 HV240B
	皂化冷凝器 E211:
	打开冷凝器 E211 排气阀 HV222
	打开上水阀门 HV241A
	5s 后有水从排气阀 HV222 排出来时,关闭排气阀 HV222
	打开下水阀门 HV241B
	分解反应催化剂配制:
	V205(催化剂每天配一次):
	通过漏斗向 V205 中加入 1kg 醋酸钴
	打开工艺水的阀门 JV203
	V205 液位达 90%,关闭 JV203
	启动搅拌,搅拌 5s
	关闭搅拌
充料	该过程历时 8s
	R201 充氮:
	打开氮气入口阀 JV210
	打开空气流量控制阀 FPV231
	R201 充氮,PI227 至 1100kPa(g)
	关闭氮气入口阀 JV210
	关闭空气流量控制阀 FPV231
	R202 压力控制阀 PIC291 自调:
	关闭压力控制阀旁路阀 PV291-2C
	打开压力控制阀前阀 PV291-2A
	打开压力控制阀后阀 PV291-2B
	打开压力控制阀 PPV291-2
	关闭压力控制阀旁路阀 PV291-1C
	打开压力控制阀前阀 PV291-1A
	打开压力控制阀后阀 PV291-1B
	PIC291 自调,设定值为 700kPa(g)
	R202 压力 700kPa
	S218 加工艺水:
	打开 JV207 向 S218 加工艺水至液位正常值(50%)
	关闭 JV207
	R201、E206、E208、R202 充料:
	打开 JV204 向 R201 充料
	R201 的液位达 50%

续表

操作明细	操作步骤说明
充料	关闭氧化反应器 R201 液位控制阀旁路阀 LV226C
	确认打开氧化反应器 R201 液位控制阀前阀 LV226A
	确认打开氧化反应器 R201 液位控制阀后阀 LV226B
	稍打开氧化反应器 R201 液位控制阀 LPV226,氧化液经 E206、E208 至分解反应器 R202,充料速度要慢(10s 完成)
	R202 液位至正常值,将 LSL292 投联锁
	S218 充料:
	R202 至正常液位,打开 HV280,向 S218 进料
	当 S218 充满环己烷,启动泵 P219A:
	关闭增压泵 P219A 排液阀 HV262C
	打开增压泵 P219A 进口阀 HV262A
	打开增压泵 P219A 出口阀 HV262B
	关闭增压泵 P219A 出口阀 HV262B
	启动泵 P219A 开关
	打开增压泵 P219A 出口阀 HV262B
	打开 S301 进料流量控制阀 LIC291:
	关闭液位控制阀旁路阀 LV291C
	打开液位控制阀前阀 LV291A
	打开液位控制阀后阀 LV291B
	打开液位控制阀 LPV291,通过 E206 向 S301 进料
	R202 加工艺水、新鲜碱:
	打开 JV205 向分解反应器供工艺水
	打开 JV206 向分解反应器供新鲜碱
	启动 R202 搅拌器
氧化通气	该过程历时 8s
	启动 R201 搅拌
	E102 已经开始加热,进入氧化釜的料液温度升高,釜内温度缓慢升高至 165℃,压力升高至 1100kPa(g)
	R201 温度 165℃
	R201 压力 1100kPa
	启动 K201:
	打开 K201 开关
	确认流量控制阀旁路阀 FV231C 关闭
	确认打开流量控制阀前阀 FV231A
	确认打开流量控制阀后阀 FV231B
	打开流量控制阀 FPV231,向氧化釜 R201 通空气
	空气压力 1250kPa
	打开 R201 顶部阀 JV201,氧化反应器排尾气

续表

操作明细	操作步骤说明
氧化通气	LIC226 自调,液位设定值为 50%
	在向 R201 通空气后,即启动 P206 向 R202 送催化剂:
	启动计量泵 P206A:
	设定催化剂流量为 104.4kg/h
	关闭催化剂泵 P206A 排液阀 HV260C
	打开催化剂泵 P206A 进口阀 HV260A
	打开催化剂泵 P206A 出口阀 HV260B
	启动泵 P206 开关
	来自烷精馏单元的碱液进料:
	打开 JV216,烷精馏单元的碱液进料
	循环碱液进料:
	关闭循环碱液流量控制阀旁路阀 FV292C
	打开循环碱液流量控制阀前阀 FV292A
	打开循环碱液流量控制阀后阀 FV292B
	打开循环碱液流量控制阀 FPV292,向分解反应器 R202 通入循环碱液
	开 E206 旁路:
	关闭温度控制阀旁路阀 TV291C
	打开温度控制阀前阀 TV291A
	打开温度控制阀后阀 TV291B
	打开温度控制阀 TPV291,调节 E206 至 R202 的旁路流量
	C211 进料:
	关闭废碱分离器 S218 界面控制阀旁路阀 LLV214C
	确认打开废碱分离器 S218 界面控制阀前阀 LLV214A
	确认打开废碱分离器 S218 界面控制阀后阀 LLV214B
	打开废碱分离器 S218 界面控制阀 LLPV214,向废水汽提塔 C211 进料
	打开 JV217,来自 S101 的料液进入 C211
	启动废水汽提塔再沸器 E217:
	打开蒸汽流量控制阀 HV250A,开度 5%~10%,向再沸器 E217 供中压蒸汽升温
	开排气阀 HV223 排气
	5s 后关闭排气阀 HV223
	关疏水器 HV210 的前截止阀 HV210A
	关疏水器 HV210 的后截止阀 HV210B
	开旁路阀 HV210C
	逐渐将 HV250A 开度调制正常值
	塔釜温度逐渐升至 102℃ 左右
	开疏水器的前截止阀 HV210A
	开疏水器的后截止阀 HV210B

续表

操作明细	操作步骤说明
氧化通气	完全关闭旁路阀 HV210C
	启动 P215A：
	打开 JV215
	关闭废水泵 P215A 排液阀 HV264C
	打开废水泵 P215A 进口阀 HV264A
	打开废水泵 P215A 出口阀 HV264B
	关闭废水泵 P215A 出口阀 HV264B
	启动泵 P215 开关
	打开废水泵 P215 出口阀 HV264B，将塔釜废水排出界外
工况趋于正常状态	该过程历时 8s
	氧化釜操作基本稳定,空气流量达 11384kg/h,将 FIC231 投自动,设定值为 11384kg/h
	空气流量 11384kg/h
	氧化液温度达 96℃,TIC291 投自动,设定值为 96℃
	氧化液温度 96℃
	FIC292 投自动,设定值为 32504kg/h
	循环碱液流量 32504kg/h
	LIC291 投自动,调节向 S301 的进料量,设定值为 50%
	R202 液位 50%

(二) 氧化单元停车步骤

操作明细	操作步骤说明
氧化反应釜 R201 停车	该过程历时 268s
	R201 停进料：
	关闭空气流量控制阀 FPV231
	关闭空气流量控制阀前阀 FV231A
	关闭空气流量控制阀后阀 FV231B
	停 K201,停供空气
	关 JV204,P105 停止供料
	R201 停出料：
	当 R201 压力降至大气压左右时,关 JV201,停止氧化尾气出料
	关闭氧化反应器 R201 液位控制阀 LPV226
	关闭氧化反应器 R201 液位控制阀前阀 LV226A
	关闭氧化反应器 R201 液位控制阀后阀 LV226B
	关闭温度控制阀 TPV291
	关闭温度控制阀前阀 TV291A
	关闭温度控制阀后阀 TV291B
	R201 泄料：
	打开 JV213,R201 物料至停车物料收集池

续表

操作明细	操作步骤说明	
氧化反应釜 R201 停车	E208 停冷却水：	
	停上水阀门 HV240A	
	停下水阀门 HV240B	
分解反应器 R202 停车	该过程历时 268s	
	停钴催化剂：	
	关闭泵 P206A 出口阀 HV260B	
	停 P206A	
	关闭泵 P206A 进口阀 HV260A	
	停碱进料：	
	关闭阀 JV206	
	关闭阀门 JV216	
	关闭循环碱液流量控制阀 FPV292	
	关闭循环碱液流量控制阀前阀 FV292A	
	关闭循环碱液流量控制阀后阀 FV292B	
	停工艺水：	
	关闭 JV205	
	停出料：	
	关闭 HV280	
	泄液：	
	开启 JV214，R202 物料至停车物料收集池	
废碱分离器 S218 停车	该过程历时 268s	
	停有机相出料：	
	关闭液位控制阀 LPV291	
	关闭液位控制阀前阀 LV291A	
	关闭液位控制阀后阀 LV291B	
	关闭增压泵 P219A 出口阀 HV262B	
	关闭泵 P219A 开关	
	关闭增压泵 P219A 进口阀 HV262A	
	停碱液出料：	
	关闭废碱分离器 S218 界面控制阀 LLPV214	
	关闭废碱分离器 S218 界面控制阀前阀 LLV214A	
	关闭废碱分离器 S218 界面控制阀后阀 LLV214B	
C211 停车	该过程历时 268s	
	关闭 JV217	
	E217 停蒸汽：	
	关闭 HV250A	
	停出料：	
	关闭 JV215	

续表

操作明细	操作步骤说明
C211 停车	关闭废水泵 P215A 出口阀 HV264B
	关闭泵 P215 开关
	关闭废水泵 P215 进口阀 HV264A
	泄料:
	打开 JV218,C211 物料至停车物料收集池
	停 E211 冷却水:
	停上水阀门 HV241A
	停下水阀门 HV241B
关闭 R202 氮气系统	该过程历时 268s
	打开压力控制阀 PPV291-1
	关闭压力控制阀前阀 PV291-2A
	关闭压力控制阀后阀 PV291-2B

三、烷精馏单元操作规程

(一) 烷精馏单元冷态开车步骤

操作明细	操作步骤说明
检查公用工程	检查冷却水、电、蒸汽等公用工程,要求其都具备、到位
打开冷却器冷却水	**E306 排气:**
	打开排气阀 HV326
	打开冷却水入口阀 HV341A
	有水从排气阀 HV326 排出来时,5s 后关闭排气阀 HV326
	E305 排气:
	打开排气阀 HV325
	有水从排气阀 HV325 排出来时,5s 后关闭排气阀 HV325
	打开冷却水的出口阀 HV341B
	K301 冷却水操作:
	打开冷却水入口阀 HV342A
	打开冷却水出口阀 HV342B
烷循环开车	**环己烷精馏塔系统氮置换、充氮操作:**
	打开 C301 氮气入口阀 JV315
	打开 C302 氮气入口阀 JV318
	打开 C303 氮气入口阀 JV317
	打开 S303 氮气出口阀 JV319
	当氧含量低于 2% 时,关闭氮气出口阀 JV319
	关闭 C303 的氮气入口阀 JV317
	当 PIC305 达到 500kPa 时,关闭氮气入口阀 JV315
	当 PIC309 达到 206kPa 时,关闭氮气入口阀 JV318

续表

操作明细	操作步骤说明
烷循环开车	**V302 充料：**
	确认液位控制阀旁路阀 LV354C 关闭
	打开液位控制阀前阀 LV354A
	打开液位控制阀后阀 LV354B
	启动泵 P311：
	关闭泄液阀 HV366C
	打开泵的入口阀 HV366A
	启动泵 P311
	打开出口阀 HV366B
	打开液位控制阀 LV354，向 V302 进料
	C101 进料：
	当 V302 的液位接近 50% 时，关闭泵 P305 的泄液阀 HV365C
	启动泵 P305：
	打开泵 P305 的入口阀 HV365A
	启动泵 P305
	打开泵 P305 出口阀 HV365B
	打开 C101 的进料阀 JV301
	30s 后关闭 C101 的进料阀 JV301
	启动 K301：
	打开前阀 HV333
	打开 K301 开关
	打开出口阀 HV330
	打开出口阀 JV309
	确认压力控制阀旁路阀 PV361C 关闭
	打开压力控制阀前阀 PV361A
	打开压力控制阀后阀 PV361B
	打开压力控制阀 PV361
	V301 充料：
	当 V302 的液位达到 50% 时，打开冷烷入口阀 HV331
	C102 进料：
	确认泵出口流量控制阀旁路阀 FV326C 关闭
	打开泵出口流量控制阀前阀 FV326A
	打开泵出口流量控制阀后阀 FV326B
	启动泵 P301：
	当烷冷凝罐 V301 的液位接近 50% 时，关闭泵 P301A 的泄液阀 HV360C
	开泵 P301A 进口阀 HV360A
	启动泵 P301A

续表

操作明细	操作步骤说明
烷循环开车	打开泵 P301A 出口阀 HV360B
	打开泵出口流量控制阀 FV326
	30s 后关闭流量控制阀 FV326
	C301 充料：
	确认回流量控制阀旁路阀 FV303C 关闭
	打开回流量控制阀前阀 FV303A
	打开回流量控制阀后阀 FV303B
	启动泵 P308：
	当烷冷凝罐 V301 的液位接近 50% 时，关闭泵 P308 的泄液阀 HV362C
	打开泵的进口阀 HV362A
	启动泵 P308
	打开泵出口阀 HV362B
	打开回流量控制阀 FV303，向 C301 中灌冷烷
	C301 升温操作 E301：
	确定旁路阀 HV311C 关闭
	开疏水器前截止阀 HV311A
	开疏水器后截止阀 HV311B
	确认蒸汽流量控制阀旁路阀 FV302C 关闭
	打开蒸汽流量控制阀前阀 FV302A
	打开蒸汽流量控制阀后阀 FV302B
	当 C301 的液位达到 20%～30% 时，打开蒸汽流量控制阀 FV302，缓慢增加流量使流量达到 6000kg/h
	打开排气阀 HV321
	等到排气阀有蒸汽出来时，5s 后关闭排气阀 HV321
	打开精馏塔 C302 再沸器 E302 排气阀 HV322
	等排气阀有蒸汽出来时，5s 后关闭排气阀 HV322
	C301 压力控制：
	确认压力控制阀旁路阀 PV305C 关闭
	打开压力控制阀前阀 PV305A
	打开压力控制阀后阀 PV305B
	打开压力控制阀 PV305，控制 C301 的塔顶压力，使压力控制在 500kPa 左右
	C302 充料：
	当 C301 塔顶温度达到 100℃，确认回流量控制阀旁路阀 FV305C 关闭
	打开回流量控制阀前阀 FV305A
	打开回流量控制阀后阀 FV305B
	打开回流量控制阀 FV305，向 C302 中灌冷烷
	确认进料控制阀旁路阀 LV305C 关闭
	打开进料控制阀前阀 LV305A

续表

操作明细	操作步骤说明
烷循环开车	打开进料控制阀后阀 LV305B
	打开进料控制阀 LV305，向 C302 进料
	打开精馏塔 C303 大塔釜再沸器 E303 排气阀 HV323
	等排气阀有蒸汽出来时，5s 后关闭排气阀 HV323
	C302 压力控制：
	确认压力控制阀旁路阀 PV309C 关闭
	打开压力控制阀前阀 PV309A
	打开压力控制阀后阀 PV309B
	打开压力控制阀 PV309，控制 C302 的塔顶压力，使压力控制在 206kPa 左右
	C303 充料：
	当 C302 塔顶的温度达到 80℃，确认回流量控制阀旁路阀 FV354C 关闭
	打开回流量控制阀前阀 FV354A
	打开回流量控制阀后阀 FV354B
	启动泵 P309：
	关闭泄液阀 HV364C
	打开泵入口阀 HV364A
	启动泵 P309
	打开泵 P309 出口阀 HV364B
	打开回流量控制阀 FV354，向精馏塔 C303 灌冷烷
	关闭进料控制阀旁路阀 LV308C
	打开进料控制阀前阀 LV308A
	打开进料控制阀后阀 LV308B
	打开进料控制阀 LV308，向 C303 进料
	C303 升温操作 E304：
	关闭旁路阀 HV312C
	开疏水器前截止阀 HV312A
	开疏水器后截止阀 HV312B
	确认温度控制阀 TV327 的旁路阀 TV327C 关闭
	打开温度控制阀前阀 TV327A
	打开温度控制阀后阀 TV327B
	C303 小塔釜的液位达到 20%~30%时，打开温度控制阀 TV327，缓慢增加蒸汽的量，直到流量达到 1500kg/h
	打开排气阀 HV324
	等到排气阀有蒸汽出来时，5s 后关闭排气阀 HV324
	E302 液位操作：
	当换热器 E302 的液位达到 50%时，确认液位控制阀旁路阀 LV307C 关闭
	打开液位控制阀前阀 LV307A
	打开液位控制阀后阀 LV307B

续表

操作明细	操作步骤说明
烷循环开车	当换热器 E302 的液位达到 50% 时,打开液位控制阀 LV307
	C102 进料:
	当烷冷凝罐 V301 的液位无法维持时,打开泵出口流量控制阀 FV326
	如果 V301 无法维持时,确认液位控制阀旁路阀 LV327C 关闭
	打开液位控制阀前阀 LV327A
	打开液位控制阀后阀 LV327B
	打开液位控制阀 LV327,向 V302 回料,随时调整保证液位
	C101 进料:
	当 V302 的液位大于 70% 时,打开精馏塔 C101 的进料阀 JV301,根据液位调节开度
	S301 进料:
	E301 和 E304 的加热蒸汽维持一段时间(5s),打开闪蒸罐 S301 的氮气入口阀 JV311
	当压力达到 700kPa 时,关闭 S301 的氮气入口阀 JV311
	确认流量控制阀旁路阀 LV291C 关闭
	打开流量控制阀前阀 LV291A
	打开流量控制阀后阀 LV291B
	打开流量阀控制 LV291,向闪蒸罐 S301 进料
	确认压力控制阀旁路阀 PV301C 关闭
	打开压力控制阀前阀 PV301A
	打开压力控制阀后阀 PV301B
	打开压力控制阀 PV301,使 S301 的压力稳定在 700kPa 左右
	当 S301 有蒸汽进入 C303 时,打开 C303 的进料阀 JV307
	当 S301 的液位接近 50% 时,确认 C301 液位控制阀旁路阀 LV302C 关闭
	打开液位控制阀前阀 LV302A
	打开液位控制阀后阀 LV302B
	打开液位控制阀 LV302,向 C301 进料
	当 C301 塔釜的液位达到 50%,逐渐开大蒸汽流量控制阀 FV302,蒸汽量达到正常值
	调整 FV303 使回流量达到正常值 21238kg/h
	精馏塔 C301 稳定操作,塔顶回流量 FIC303 在 21238kg/h 左右,将 FIC303 投自动
	FIC303 设定值为 21238kg/h
	LV305 维持 C301 塔釜液位,调整 PV305 维持本塔压力
	调整 FV305 使回流量达到正常值 25220kg/h
	精馏塔 C302 稳定操作,塔顶回流量 FIC305 在 25220kg/h 左右,将 FIC305 投自动
	调整 LV308 维持 C302 塔釜液位,调整 PV309 维持本塔压力
	当 C303 塔釜的液位达到 50%,逐渐开大蒸汽流量控制阀 TV327,蒸汽量达到正常值
	启动泵 P302:
	关闭泵泄液阀 HV363C
	打开泵入口阀 HV363A

续表

操作明细	操作步骤说明
烷循环开车	启动泵 P302
	打开泵出口阀 HV363B
	打开 HPV332,由 C303 向 V302 输烷,维持塔釜液位
	调整 FV354 使回流量达到正常值 22601kg/h
	精馏塔 C303 稳定操作,塔顶回流 FIC354 在 22601kg/h,将 FIC354 投自动
	FIC305 设定值为 22601kg/h
	调整 HPV332 控制 C303 小塔釜液位
大循环开车	确认从氧化单元过来的物料中含有醇、酮
	当含有醇、酮的物料进入精馏塔时,关闭 V301 的进料阀 HV331
	V311 进料:
	当 C303 塔釜温度达到正常操作值是,关闭 C303 至 V302 的阀门 HPV332
	当 C303 小塔釜温度达到正常操作值,确认 C303 小塔釜液位控制阀旁路阀 LV329C 关闭
	打开 C303 小塔釜液位控制阀前阀 LV329A
	打开 C303 小塔釜液位控制阀后阀 LV329B
	打开 C303 小塔釜液位控制阀 LV329,向 V311 进料
	确认 NaOH 流量控制阀旁路阀 FV351C 关闭
	打开 NaOH 流量控制阀前阀 FV351A
	打开 NaOH 流量控制阀后阀 FV351B
	打开 NaOH 流量控制阀 FV351
	确认进料流量控制阀旁路阀 FV352C 关闭
	打开进料流量控制阀前阀 FV352A
	打开进料流量控制阀后阀 FV352B
	打开进料流量控制阀 FV352
	V312 进料:
	当 V312 有液位显示时,打开进料阀 JV304
	打开进料阀 JV312
	C312 开车操作:
	确认进料流量控制阀旁路阀 FV361C 关闭
	打开进料流量控制阀前阀 FV361A
	打开进料流量控制阀后阀 FV361B
	打开进料流量控制阀 FV361
	当 V312 的液位接近 50%,确认液位控制阀旁路阀 LV351C 关闭
	打开液位控制阀前阀 LV351A
	打开液位控制阀后阀 LV351B
	启动泵 P312:
	关闭泵泄液阀 HV367C
	打开泵入口阀 HV367A

续表

操作明细	操作步骤说明
大循环开车	启动泵 P312
	打开泵出口阀 HV367B
	打开液位控制阀 LV351,向 C312 进料
	打开阀门 JV314
	确认相界面量控制阀旁路阀 LLV352C 关闭
	打开相界面量控制阀前阀 LLV352A
	打开相界面量控制阀后阀 LLV352B
	启动泵 P313：
	关闭泵 P313A 的泄液阀 HV368C
	打开泵 P313A 的入口阀 HV368A
	启动泵 P313A
	打开泵 P313A 出口阀 HV368B
	打开相界面量控制阀 LLV352
	质量指标：
	皂化混合器 V312 液位
	盐萃塔 C312 相面高度
系统联调	**S301 联调：**
	S301 塔顶压力控制 PIC301 投自动
	PIC301 设置值为 700kPa
	S301 液位控制 LIC302 投自动
	LIC302 设置值为 50%
	E301 联调：
	加热蒸汽流量接近 11000kg/h 时,将流量控制阀 FIC302 投自动,设定值为 11000kg/h,注意调整塔顶压力 500kPa 左右
	加热蒸汽流量 11000kg/h
	精馏塔 C301 再沸器上升温度为 145.5℃时,将 TIC302 投自动
	TIC302 设定值为 145.5℃
	将 FIC302 设为串级
	C301 联调：
	将精馏塔 C301 塔顶压力控制 PIC305 投自动
	PIC305 设置值为 500kPa
	将精馏塔 C301 塔釜液位控制 LIC305 投自动
	LIC305 设置值为 50%
	C302 联调：
	将精馏塔 C302 塔釜液位控制 LIC308 投自动
	LIC308 设置值为 50%
	将精馏塔 C302 塔顶压力控制 PIC309 投自动
	PIC309 设置值为 206kPa

续表

操作明细	操作步骤说明
系统联调	精馏塔 C302 塔釜温度为 125℃时,将 TI3C07 投自动
	TIC307 设定值为 125℃
	将 LIC307 设为串级
	烷冷凝槽 V301 液位
	V301 联调:
	流量接近 58113kg/h 时,将流量控制阀 FIC326 投自动,设定值为 58113kg/h
	泵 P301 的出口流量为 58113kg/h
	C303 联调:
	将精馏塔 C303 小塔釜液位控制 LIC329 投自动
	LIC329 设置值为 50%
	精馏塔 C303 再沸器上升温度为 143℃时,将 TIC327 投自动
	TIC327 设定值为 143℃
	V302 联调:
	回流槽 V302 液位控制 LIC354 投自动
	LIC354 设置值为 50%
	S303 联调:
	将分离器 S303 压力控制 PIC361 投自动
	PIC361 设置值为 2kPa
	V311 联调:
	NaOH 流量接近 120.6kg/h 时,将流量控制阀 FIC351 投自动,设定值为 120.6kg/h
	流量 120.6kg/h
	流量接近 1873kg/h 时,将流量控制阀 FIC352 投自动,设定值为 1873kg/h
	流量 1873kg/h
	V312 联调:
	皂化混合器 V312 液位控制 LIC351 投自动
	LIC351 设置值为 50%
	C312 联调:
	流量接近 3576kg/h 时,将流量控制阀 FIC361 投自动,设定值为 3576kg/h
	流量 3576kg/h
	将盐萃塔 C312 相界面控制 LLIC352 投自动
	LLIC352 设置值为 50%

(二) 烷精馏单元停车步骤

操作明细	操作步骤说明
S301 停进、出料	手动逐步关小 S301 的进料阀 LV291,直至 LV291 关闭
	关闭 LV291 的前阀 LV291A
	关闭 LV291 的后阀 LV291B
	当液位降至 30%,关闭 C301 的进料阀 LV302

续表

操作明细	操作步骤说明
S301 停进、出料	关闭 LV302 的前阀 LV302A
	关闭 LV302 的后阀 LV302B
V302 停进、出料	关闭回流槽 V302 的冷烷控制阀 LV354
	关闭控制阀 LV354 的前阀 LV354A
	关闭控制阀 LV354 的后阀 LV354B
停泵 P311	关闭冷烷泵 P311 的出口阀 HV366B
	停泵 P311
	关闭泵入口阀 HV366A
	打开泵的泄液阀 HV366C
	关闭去界外的阀门 JV308
C101 停止进料	关闭 JV301
停泵 P305	关闭回流槽液泵 P305 的出口阀 HV365B
	停泵 P305
	关闭泵入口阀 HV365A
	打开泵的泄液阀 HV365C
C102 停止进料	关闭控制阀 FV326
	关闭控制阀 FV326 的前阀 FV326A
	关闭控制阀 FV326 的后阀 FV326B
停泵 P301	关闭烷冷凝槽泵 P301A 的出口阀 HV360B
	停泵 P301A
	关闭泵入口阀 HV360A
	打开泵的泄液阀 HV360C
C303 小塔釜出料由 V311 切换至 V302	关闭 C303 至 V311 液位控制阀 LV329
	关闭液位控制阀 LV329 的前阀 LV329A
	关闭液位控制阀 LV329 的后阀 LV329B
	打开 HPV332,C303 小塔釜的出料去 V302
V311 停车	关闭 NaOH 的控制阀 FV351
	关闭控制阀 FV351 的前阀 FV351A
	关闭控制阀 FV351 的后阀 FV351B
	关闭控制阀 FV352
	关闭控制阀 FV352 的前阀 FV352A
	关闭控制阀 FV352 的后阀 FV352B
V312 停车	关闭阀门 JV304
	关闭阀门 JV312
	关闭 LV351
	关闭控制阀 LV351 的前阀 LV351A
	关闭控制阀 LV351 的后阀 LV351B

续表

操作明细	操作步骤说明
停泵 P312	关闭泵 P312 的出口阀 HV367B
	停泵 P312
	关闭泵入口阀 HV367A
	打开泵的泄液阀 HV367C
C312 停车	关闭控制阀 FV361
	关闭控制阀 FV361 的前阀 FV361A
	关闭控制阀 FV361 的后阀 FV361B
	关闭 LLV352
	关闭控制阀 LLV352 的前阀 LLV52A
	关闭控制阀 LLV352 的后阀 LLV352B
	关闭阀门 JV314
停泵 P313	关闭泵 P313A 的出口阀 HV368B
	停泵 P313A
	关闭泵入口阀 HV368A
	打开泵的泄液阀 HV368C
C301 停车	关小 C301 再沸器的蒸汽控制阀 FV302
	调节阀门 LV305 使塔釜液位不要太高
	关闭 C301 回流控制阀 FV303
	关闭 FV303 的前阀 FV303A
	关闭 FV303 的后阀 FV303B
	逐渐关小 C303 小塔釜再沸器的蒸汽控制阀 TV327，直到关闭 TV327
	关闭 TV327 的前阀 TV327A
	关闭 TV327 的后阀 TV327B
	当 LIC307 降至 1%，关闭泄液阀 LV307
	关闭控制阀 LV307 的前阀 LV307A
	关闭控制阀 LV307 的后阀 LV307B
	当塔釜液位降至 30%，关闭泄液阀 LV305
	关闭控制阀 LV305 的前阀 LV305A
	关闭控制阀 LV305 的后阀 LV305B
	关闭 C301 再沸器的蒸汽控制阀 FV302
	关闭再沸器的蒸汽控制阀 FV302 的前阀 FV302A
	关闭再沸器的蒸汽控制阀 FV302 的后阀 FV302B
C301 压力控制	手动打开 C301 的压力控制阀 PV305，将 C301 的压力降为常压
	当 C301 的压力降为常压时，关闭控制阀 PV305
	关闭控制阀 PV305 的前阀 PV305A
	关闭控制阀 PV305 的后阀 PV305B
C302 停车	手动关闭 C302 回流控制阀 FV305，关闭 FV303 的同时可以关闭

续表

操作明细	操作步骤说明
C302 停车	关闭控制阀 FV305 的前阀 FV305A
	关闭控制阀 FV305 的后阀 FV305B
	当塔釜液位降至 30%，关闭 LV308
	关闭控制阀 LV308 的前阀 LV308A
	关闭控制阀 LV308 的后阀 LV308B
停泵 P308	关闭烷冷凝槽泵 P308 的出口阀 HV362B
	停泵 P308
	关闭泵入口阀 HV362A
	打开泵的泄液阀 HV362C
C302 压力控制	手动打开 C302 的压力控制阀 PV309，将 C302 的压力降为常压
	当 C301 的压力降为常压时，关闭控制阀 PV309
	关闭控制阀 PV309 的前阀 PV309A
	关闭控制阀 PV309 的后阀 PV309B
C303 停车	关闭阀门 JV307
	关闭 C303 回流控制阀 FV354
	关闭控制阀 FV354 的前阀 FV354A
	关闭控制阀 FV354 的后阀 FV354B
停泵 P309	关闭回流槽泵 P309 的出口阀 HV364B
	停泵 P309
	关闭泵入口阀 HV364A
	打开泵的泄液阀 HV364C
	当 C303 小塔釜液位低于 30% 时，关闭 C303 出料至 V302 管线阀门 HPV332
停泵 P302	关闭釜底液泵 P302 的出口阀 HV363B
	停泵 P302
	关闭泵入口阀 HV363A
	打开泵的泄液阀 HV363C
K301 停车	关闭控制阀 PV361
	关闭控制阀 PV361 的前阀 PV361A
	关闭控制阀 PV361 的后阀 PV361B
	关闭阀门 HV330
	关闭阀门 JV309
	关闭压缩机 K301 的开关阀
	关闭压缩机 K301 的入口阀门 HV333
E305、E306 冷却水停车	关闭换热器 E306 的冷却水入口阀 HV341A
	关闭换热器 E305 的冷却水出口阀 HV341B
K301 冷却水停车	关闭压缩机 K301 冷却水的入口阀门 HV342A
	关闭压缩机 K301 冷却水的出口阀门 HV342B

四、酮精制单元操作规程

(一) 酮精制单元冷态开车步骤

操作明细	操作步骤说明
检查公用工程	检查冷却水、电、蒸汽等公用工程,要求其都具备、到位
氮气置换	各塔开氮气阀门,置换空气
预热再沸器	开干燥塔 C401 再沸器 E401 排气阀 HV420
	开干燥塔 C401 再沸器 E401 旁路阀 HV410C,排尽再沸器中的积存水
	开干燥塔 C401 再沸器 E401 蒸汽控制阀前阀 FV401A
	开干燥塔 C401 再沸器 E401 蒸汽控制阀后阀 FV401B
	开干燥塔 C401 再沸器 E401 蒸汽控制阀 FV401(蒸汽量为正常的 5%~10%)
	等到排气阀有蒸汽出来时,关闭排气阀 HV420
	再沸器 E401 开始升温,关闭旁路阀门 HV410C
	开疏水器 HV410 的前截止阀 HV410A
	开疏水器 HV410 的后截止阀 HV410B
	开初馏塔 C402 再沸器 E402 排气阀 HV421
	开初馏塔 C402 再沸器 E402 旁路阀 LV411C,排尽再沸器中的积存水
	开初馏塔 C402 再沸器 E402 蒸汽阀 HV450A(蒸汽量为正常的 5%~10%)
	等到排气阀有蒸汽出来时,关闭排气阀 HV421
	再沸器 E402 开始升温,关闭旁路阀门 LV411C
	开 E402 液位控制阀前截止阀 LV411A
	开 E402 液位控制阀后截止阀 LV411B
	开酮塔 C403 再沸器 E406 排气阀 HV424
	开酮塔 C403 再沸器 E406 旁路阀 HV411C,排尽再沸器中的积存水
	开酮塔 C403 再沸器 E406 蒸汽控制阀前阀 FV426A
	开酮塔 C403 再沸器 E406 蒸汽控制阀前阀 FV426B
	开酮塔 C403 再沸器 E406 蒸汽控制阀 FV426(蒸汽量为正常的 5%~10%)
	等到排气阀有蒸汽出来时,关闭排气阀 HV424
	再沸器 E406 开始升温,关闭旁路阀门 HV411C
	开疏水器 HV411 的前截止阀 HV411A
	开疏水器 HV411 的后截止阀 HV411B
	开醇塔 C404 再沸器 E412 排气阀 HV428
	开醇塔 C404 再沸器 E412 旁路阀 HV412C,排尽再沸器中的积存水
	开醇塔 C404 再沸器 E412 蒸汽控制阀前阀 PV452A
	开醇塔 C404 再沸器 E412 蒸汽控制阀后阀 PV452B
	开醇塔 C404 再沸器 E412 蒸汽控制阀 PV452(蒸汽量为正常的 5%~10%)
	等到排气阀有蒸汽出来时,关闭排气阀 HV428
	再沸器 E412 开始升温,关闭旁路阀门 HV412C
	开疏水器 HV412 的前截止阀 HV412A

续表

操作明细	操作步骤说明
预热再沸器	开疏水器 HV412 的后截止阀 HV412B
打开冷却器冷却水	打开初馏塔 C402 塔顶一级冷凝器 E403 排气阀 HV422
	打开初馏塔 C402 塔顶二级冷凝器 E404 排气阀 HV423
	打开初馏塔 C402 塔顶冷凝器上水阀门 HV441A
	有水从排气阀 HV422 排出来时,关闭排气阀 HV422
	有水从排气阀 HV423 排出来时,关闭排气阀 HV423
	打开初馏塔 C402 塔顶冷凝器下水阀门 HV411B
	打开酮塔 C403 塔顶一级冷凝器 E407 排气阀 HV425
	打开酮塔 C403 塔顶二级冷凝器 E408 排气阀 HV426
	打开酮塔 C403 塔顶冷凝器上水阀门 HV442A
	有水从排气阀 HV425 排出来时,关闭排气阀 HV425
	有水从排气阀 HV426 排出来时,关闭排气阀 HV426
	打开酮塔 C403 塔顶冷凝器下水阀门 HV442B
	打开酮塔 C403 产品冷却器 E411 排气阀 HV427
	打开酮塔 C403 产品冷却器上水阀门 HV443A
	有水从排气阀 HV427 排出来时,关闭排气阀 HV427
	打开酮塔 C403 产品冷却器下水控制阀前阀 TV422A
	打开酮塔 C403 产品冷却器下水控制阀后阀 TV422B
	手动打开产品冷却器下水控制阀 TV422
	打开醇塔 C404 塔顶一级冷凝器 E413 排气阀 HV430
	打开醇塔 C404 塔顶二级冷凝器 E414 排气阀 HV429
	打开醇塔 C404 塔顶冷凝器上水阀门 HV444A
	有水从排气阀 HV430 排出来时,关闭排气阀 HV430
	有水从排气阀 HV429 排出来时,关闭排气阀 HV429
	打开醇塔 C404 塔顶冷凝器下水阀门 HV444B
	打开真空装置 X401 冷凝器 E405 排气阀 HV431
	打开真空装置 X401 冷凝器 E405 上水阀门 HV445A
	有水从排气阀 HV431 排出来时,关闭排气阀 HV431
	打开真空装置 X401 冷凝器 E405 下水阀门 HV445B
	打开真空装置 X402 一级冷凝器 E409 排气阀 HV432
	打开真空装置 X402 二级冷凝器 E410 排气阀 HV433
	打开真空装置 X402 冷凝器上水阀门 HV446A
	有水从排气阀 HV432 排出来时,关闭排气阀 HV432
	有水从排气阀 HV433 排出来时,关闭排气阀 HV433
	打开真空装置 X402 冷凝器下水阀门 HV446B
	打开真空装置 X403 一级冷凝器 E415 排气阀 HV434

续表

操作明细	操作步骤说明
打开冷却器冷却水	打开真空装置 X403 二级冷凝器 E416 排气阀 HV435
	打开真空装置 X403 冷凝器上水阀门 HV447A
	有水从排气阀 HV434 排出来时，关闭排气阀 HV434
	有水从排气阀 HV435 排出来时，关闭排气阀 HV435
	打开真空装置 X403 冷凝器下水阀门 HV447B
启动真空装置	打开真空装置 X401 喷射器 J402 高压蒸汽入口阀 HV451A
	打开初馏塔 C402 塔顶压力控制阀前阀 PV406A
	打开初馏塔 C402 塔顶压力控制阀后阀 PV406B
	当初馏塔 C402 接近于正常压力时，将 PIC406 投自动，设定为 −47.0kPa
	打开真空装置 X401 冷凝器 E405 冷凝液出口阀 HV451B
	打开真空装置 X402 一级喷射器 J403 高压蒸汽入口阀 HV452A
	打开真空装置 X402 二级喷射器 J404 高压蒸汽入口阀 HV453A
	打开酮塔 C403 塔顶压力控制阀前阀 PV426A
	打开酮塔 C403 塔顶压力控制阀后阀 PV426B
	当酮塔 C403 接近于正常压力时，将 PIC426 投自动，设定为 −94.0kPa
	打开真空装置 X402 一级冷凝器 E409 冷凝液出口阀 HV452B
	打开真空装置 X402 二级冷凝器 E410 冷凝液出口阀 HV453B
	打开真空装置 X403 一级喷射器 J405 高压蒸汽入口阀 HV454A
	打开真空装置 X403 二级喷射器 J406 高压蒸汽入口阀 HV455A
	打开醇塔 C404 塔顶压力控制阀前阀 PV451A
	打开醇塔 C404 塔顶压力控制阀后阀 PV451B
	当醇塔 C404 接近于正常压力时，将 PIC451 投自动，设定为 −94.0kPa
	打开真空装置 X403 一级冷凝器 E415 冷凝液出口阀 HV454B
	打开真空装置 X403 二级冷凝器 E416 冷凝液出口阀 HV455B
	初馏塔 C402 塔顶压力 −47kPa
	酮塔 C403 塔顶压力 −94kPa
	醇塔 C404 塔顶压力 −94kPa
干燥塔 C401 单元操作	开干燥塔 C401 中来自盐萃塔 C312 阀门 JV401，流量 13158kg/h
	同时打开来自脱氢单元的阀门 JV402，流量 3520kg/h，向干燥塔 C401 一同进料
	当干燥塔 C401 塔釜液位 LIC402 指示达约 50% 时，关闭阀门 JV401
	关闭阀门 JV402，停止加料
	逐渐打开蒸汽流量控制阀 FV401，向再沸器 E401 供中压蒸汽升温
	加热蒸汽流量接近 5164kg/h 时，将流量控制阀 FIC401 投自动，设定值为 5164kg/h，注意调整塔顶温度 81℃ 左右
	加热蒸汽流量 5164kg/h
	干燥塔 C401 塔顶温度
	开干燥塔 C401 塔顶送至皂化冷凝器管线阀门 JV403，出塔顶产品（水和有机物）
	在此过程中及时开干燥塔 C401 中来自盐萃塔 C312 阀门 JV401 和来自脱氢单元的阀门 JV402，继续对干燥塔 C401 加料，同时调控入塔的流量并注意控制干燥塔 C401 塔釜的液位在 30%～70% 范围之内

续表

操作明细	操作步骤说明
干燥塔 C401 单元操作	干燥塔 C401 塔釜液位
	待干燥塔 C401 操作稳定,开釜液泵 P402 出口流量控制阀前阀 FV412A
	开釜液泵 P402 出口流量控制阀后阀 FV412B
	开初馏塔 C402 进料流量控制阀前阀 FV402A
	开初馏塔 C402 进料流量控制阀后阀 FV402B
	开泵 P402 进口阀 HV460A
	启动泵 P402
	开泵 P402 出口阀 HV460B
	打开 FIC412 流量调节阀门
初馏塔 C402 单元操作	开初馏塔进料泵 P406 进口阀 HV461A
	启动泵 P406
	开初馏塔进料泵 P406 出口阀 HV461B
	打开 FIC402 流量调节阀门,调节流量为 11514kg/h,向初馏塔 C402 进料,注意维持 C401 液位稳定
	当初馏塔 C402 塔釜液位显示 LIC407 达约 50% 时,逐渐开再沸器 E402 蒸汽进口阀 HV450A,向再沸器 E402 供中压蒸汽升温
	当再沸器 E402 液位接近 50% 时,将液位控制器 LIC411 投自动,设置值为 50%
	当回流槽 V401 液位 LIC403 达 50% 时,开回流泵 P405A 进口阀 HV463A
	启动泵 P405A
	开回流泵 P405A 出口阀 HV463B
	手动打开 LV403,初馏塔进行回流操作
	当初馏塔 C402 塔釜液位 LIC407 再次显示达约 50% 时,关闭初馏塔 C402 进料流量控制阀 FV402,停止向初馏塔 C402 进料。进行初馏塔 C402 全回流操作
	初馏塔 C402 塔顶压力-47kPa
	初馏塔 C402 塔顶温度 118℃
	初馏塔 C402 塔釜压力-32kPa
	初馏塔 C402 塔釜温度 150℃
	当回流罐 V401 的液位无法控制时,打开 FV406,产品至锅炉房
	塔顶至锅炉房流量 FIC406
	当初馏塔 C402 全回流操作稳定(满足以上各项指标),酮塔 C403 做好开车准备
	开釜液泵 P404 进口阀 HV462A
	启动泵 P404
	开釜液泵 P404 出口阀 HV462B
	打开塔釜液出口阀 LV407 向酮塔 C403 进料
	在向酮塔 C403 进料的同时,逐渐增大初馏塔 C402 的进料量,维持 LIC407 为 50%
酮塔 C403 单元操作	当酮塔 C403 塔釜液位 LIC427 指示达约 50% 时,逐渐打开蒸汽流量控制阀 FV426,向再沸器 E406 供中压蒸汽升温,控制蒸汽流量 19945kg/h,并控制塔顶温度 72℃ 左右
	加热蒸汽流量 19945kg/h
	酮塔 C403 塔顶温度

续表

操作明细	操作步骤说明
酮塔 C403 单元操作	当回流槽 V402 液位 LIC429 达 50% 时,开回流泵 P408 进口阀 HV466A
	启动泵 P408
	开回流泵 P408 出口阀 HV466B
	手动打开 FV428,酮塔进行回流操作
	酮塔 C403 回流量 33164kg/h
	当酮塔 C403 塔釜液位 LIC427 再次显示达约 50% 时,关闭酮塔 C403 进料流量控制阀 LV407,停止向酮塔 C403 进料。进行酮塔 C403 全回流操作
	酮塔 C403 塔顶压力 −94kPa
	酮塔 C403 塔顶温度 72℃
	酮塔 C403 塔釜压力 −79kPa
	酮塔 C403 塔釜温度 131℃
	当酮塔 C403 全回流操作稳定(满足以上各项指标),打开塔顶产品出料阀 LV429,产品进入 T403
	当 T403 液位接近 50% 时,打开 JV405,产品至包装
	将产品冷却器 E411 出料温度控制阀 TIC422 投自动,设定温度为 50℃
	开釜液泵 P407 进口阀 HV465A
	启动泵 P407
	开釜液泵 P407 出口阀 HV465B
	打开塔釜液出口阀 FV427 向醇塔 C404 进料,流量控制在 5563kg/h 左右
	酮塔 C403 塔釜出液量 5563kg/h
	在向醇塔 C404 进料的同时,逐渐加大酮塔 C403 的进料量,塔釜液位 LIC427 维持在 50% 左右
醇塔 C404 单元操作	打开阀门 FV403,来自 S5905 工段的物料进入醇塔 C404
	当醇塔 C404 塔釜液位 LIC452 指示达约 50% 时,逐渐打开蒸汽流量控制阀 PV452,向再沸器 E412 供中压蒸汽升温,控制塔顶温度 89℃ 左右
	醇塔 C404 塔顶温度
	当回流槽 V403 液位 LIC455 达 50% 时,开回流泵 P411A 进口阀 HV468A
	启动泵 P411A
	开回流泵 P411A 出口阀 HV468B
	手动打开 FV405,酮塔进行回流操作
	醇塔 C404 回流量 12817kg/h
	当醇塔 C404 塔釜液位 LIC452 再次显示达约 50% 时,关闭酮塔 C403 进料流量控制阀 FV427,停止向酮塔 C404 进料。进行醇塔 C404 全回流操作
	醇塔 C404 塔顶压力 −94kPa
	醇塔 C404 塔釜压力 −79kPa
	醇塔 C404 塔釜温度 160℃
	当醇塔 C404 全回流操作稳定(满足以上各项指标),打开塔顶产品出料阀 LV455
	当 T404 液位接近 50% 时,打开 JV406,产品至包装
	当醇塔 C404 塔釜液位低于 50% 时,逐渐加大醇塔 C404 的进料量,塔釜液位 LIC452 维持在 50% 左右

续表

操作明细	操作步骤说明
系统联调	干燥塔 C401 操作稳定,塔釜流量 FIC412 在 11514kg/h 左右,将 FIC412 投自动
	FIC412 设定值为 11514kg/h
	将干燥塔塔釜液位控制 LIC402 投自动
	LIC402 设置值为 50%
	将 FIC412 设为串级
	FIC412 流量稳定在 11514kg/h
	将初馏塔进料阀 FIC402 投自动
	FIC402 设定值为 11514kg/h
	初馏塔 C402 塔釜温度在 150℃左右时,将 TIC401 投自动
	TIC401 设定值为 150℃
	将 E402 液位控制器 LIC411 投串级
	初馏塔 C402 液位控制器 LIC407 投自动
	LIC407 设定值为 50%
	回流罐 V401 液位 LIC403 投自动
	LIC403 设定值为 50%
	将加热蒸汽流量控制阀 FIC426 投自动
	FIC426 设置为 19945kg/h
	塔釜温度为 131℃时,将 TIC426 投自动
	TIC426 设定值为 131℃
	将 FIC426 投串级
	酮塔 C403 釜液流量 FIC427 在 5563kg/h 时,将 FIC427 投自动
	FIC427 设定值为 5563kg/h
	酮塔 C403 塔釜液位控制器 LIC427 投自动
	LIC427 设定值为 50%
	将 FIC427 设为串级
	将 FIC428 投自动
	FIC428 设定值为 33164kg/h
	酮塔回流罐 V402 液位控制 LIC429 投自动
	LIC429 设定值为 50%
	当醇塔 C404 加热蒸汽压力接近 500kPa 时,将 PIC452 投自动
	PIC452 设定值为 500kPa
	醇塔 C404 液位控制 LIC452 投自动
	LIC452 设定值为 50%
	将醇塔回流罐 V403 液位控制 LIC455 投自动
	LIC455 设定值为 50%

(二) 酮精制单元停车步骤

操作明细	操作步骤说明
干燥塔 C401 停车	C401 停止进料:
	关闭阀门 JV401,盐萃塔 C312 停止送料
	关闭阀门 JV402,脱氢单元停止送料

续表

操作明细	操作步骤说明
干燥塔 C401 停车	**C401 停止出料：**
	关闭泵 P402 出口流量控制阀 FV412
	关闭泵 P402 出口流量控制前阀 FV412A
	关闭泵 P402 出口流量控制后阀 FV412B
	关闭 T402 进料阀 JV404，停止向 T402 进料
	打开泄液阀 JV407，排液至停车物料收集系统，维持塔釜液位在 20% 左右
	停 E401 蒸汽：
	逐步减小控制阀 FV401 至关闭
初馏塔 C402 停车	**C402 停止进料：**
	关闭初馏塔进料控制阀 FV402
	关闭初馏塔进料控制前阀 FV402A
	关闭初馏塔进料控制后阀 FV402B
	关闭泵 P406 出口阀 HV461B
	停泵 P406
	关闭泵 P406 进口阀 HV461A
	关闭轻质油排放：
	关闭流量控制阀 FV406
	关闭流量控制前阀 FV406A
	关闭流量控制后阀 FV406B
	C402 停止出料：
	关闭塔底液位控制阀 LV407
	关闭塔底液位控制前阀 LV407A
	关闭塔底液位控制后阀 LV407B
	打开泄液阀 JV408，排液至停车物料收集系统，维持塔釜液位在 20% 左右
	停回流：
	关闭回流控制阀 LV403
	关闭回流控制前阀 LV403A
	关闭回流控制后阀 LV403B
	停回流泵 P405A：
	关闭出口阀 HV463B
	停 P405A
	关闭入口阀 HV463A
	停 E402 蒸汽：
	逐步减小 HV450A 至关闭
	停真空装置 X401：
	关闭蒸汽入口阀 HV451A
	关闭 C402 塔顶压力控制阀 PV406
	关闭 C402 塔顶压力控制前阀 PV406A
	关闭 C402 塔顶压力控制后阀 PV406B
	打开 N_2 进口阀门 JV413，当 C402 压力接近大气压时关闭 JV413

续表

操作明细	操作步骤说明
初馏塔 C402 停车	**停 E403/E404 冷却水：**
	关闭上水阀门 HV441A
	关闭下水阀门 HV441B
	停 E405 冷却水：
	关闭上水阀门 HV445A
	关闭下水阀门 HV445B
	关闭冷凝液出口阀 HV451B
酮塔 C403 停车	**停止塔顶出产品：**
	关闭流量控制阀 LV429
	关闭流量控制前阀 LV429A
	关闭流量控制后阀 LV429B
	C403 停止出料：
	关闭塔底流量控制阀 FV427
	关闭塔底流量控制前阀 FV427A
	关闭塔底流量控制后阀 FV427B
	打开泄液阀 JV409，排液至停车物料收集系统，维持塔釜液位在 20% 左右
	停回流：
	关闭回流控制阀 FV428
	关闭回流控制前阀 FV428A
	关闭回流控制后阀 FV428B
	停回流泵 P408：
	关闭出口阀 HV466B
	停泵 P408
	关闭入口阀 HV466A
	停 E406 蒸汽：
	逐步减小 FV426 至关闭
	停真空装置 X402：
	关闭一级蒸汽入口阀 HV452A
	关闭二级蒸汽入口阀 HV453A
	关闭 C403 塔顶压力控制阀 PV426
	关闭 C403 塔顶压力控制前阀 PV426A
	关闭 C403 塔顶压力控制前阀 PV426B
	打开 N_2 进口阀门 JV415，当 C403 压力接近大气压时关闭 JV413
	停 E407/ E408 冷却水：
	关闭上水阀门 HV442A
	关闭下水阀门 HV442B
	停 E411 冷却水：
	关闭上水阀门 HV443A
	关闭出料温度控制阀 TV422

续表

操作明细	操作步骤说明
酮塔 C403 停车	关闭出料温度控制阀前截止阀 TV422A
	关闭出料温度控制阀后截止阀 TV422B
	停 E409/E410 冷却水：
	关闭上水阀门 HV446A
	关闭下水阀门 HV446B
	关闭冷凝液出口阀 HV452B
	关闭冷凝液出口阀 HV453B
醇塔 C404 停车	C404 停止进料：
	关闭 FV403，S5905 工段停止给料
	停止塔顶出产品：
	关闭流量控制阀 LV455
	关闭流量控制前阀 LV455A
	关闭流量控制后 LV455B
	C404 停止出料：
	关闭塔底液位控制阀 LV452
	关闭塔底液位控制前阀 LV452A
	关闭塔底液位控制后阀 LV452B
	打开泄液阀 JV410，排液至停车物料收集系统，维持塔釜液位在 20% 左右
	停回流：
	关闭回流控制阀 FV405
	关闭回流控制前阀 FV405A
	关闭回流控制后阀 FV405B
	停回流泵 P411A：
	关闭出口阀 HV468B
	停泵 P411A
	关闭入口阀 HV468A
	停 E412 蒸汽：
	逐步减小 PV452 至关闭
	停真空装置 X403：
	关闭一级蒸汽入口阀 HV454A
	关闭二级蒸汽入口阀 HV455A
	关闭 C404 塔顶压力控制阀 PV451
	关闭 C404 塔顶压力控制前阀 PV451A
	关闭 C404 塔顶压力控制前阀 PV451B
	打开 N_2 进口阀门 JV417，当 C404 压力接近大气压时关闭 JV417
	停 E413/E414 冷却水：
	关闭上水阀门 HV444A

续表

操作明细	操作步骤说明
醇塔 C404 停车	关闭下水阀门 HV444B
	停 E415/E416 冷却水：
	关闭上水阀门 HV447A
	关闭下水阀门 HV447B
	关闭冷凝液出口阀 HV454B
	关闭冷凝液出口阀 HV455B

第九章 故障处理案例与分析

一、故障的处理方法

为了能确保化工装置安全、稳定、高效、满负荷和长久运行，操作人员除了能按照操作规程完成正常操作外，还要对一些突发事件及故障进行处理。这些突发事件包括水、电、仪表风及设备等方面，这就要求操作人员提高巡检水平，尽早发现事故苗头，将突发事件降至最低。除此之外，操作人员还必须具备能根据仪表显示的数据，分析装置中物料的流动情况、传热传质情况，从而判断装置的运行发展趋势，及时正确处理发生的异常情况，确保化工装置的稳定运行。

一般情况下，采用如下方法排除故障。

① 操作人员要非常熟悉各个工艺指标，关键的操作参数更要频繁关注。
② 能非常敏感地发现各种不正常的现象。
③ 能根据理论知识罗列发生不正常现象的所有可能原因。
④ 根据仪表显示、操作情况等确定真正的原因。
⑤ 分析此原因为何能产生不正常的现象。
⑥ 排除故障。

一般故障排除步骤见图 9-1。

二、列举实例排除故障的步骤

(一) 烷一塔 C301 再沸器未排气故障

烷一塔塔底流程见图 9-2。

1. 故障排除步骤

塔底温度偏低故障排除步骤见图 9-3。

操作人员首先非常敏感地发现 C301 塔底温度偏低这个现象，然后分析塔底温度偏低的可能原因。分析进入烷一塔 C301 物料的组成、塔顶的回流量、塔顶产品的组成以及再沸器 E301 的换热情况，通过查看相关的仪表数据、物料的组成情况，发现塔底温度偏低的原因是 E301 换热情况不符合要求。接下来分析影响换热 E301 的所有可能原因：加热蒸汽量偏

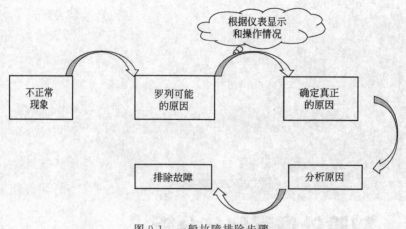

图 9-1 一般故障排除步骤

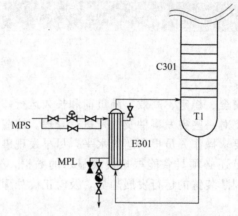

图 9-2 烷一塔塔底流程示意

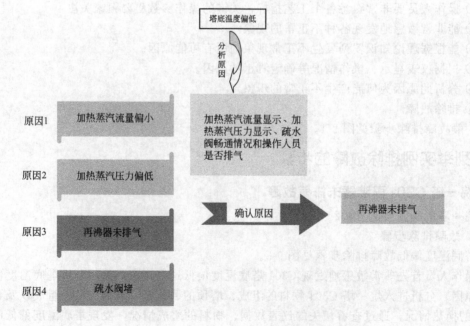

图 9-3 塔底温度偏低故障排除步骤

小、加热蒸汽压力偏低、再沸器未排气及疏水阀堵;再查看加热蒸汽流量显示、加热蒸汽压力显示、疏水阀畅通情况和操作人员是否排气,找到真正原因是操作人员未排气。

2. 分析故障导致不正常现象的原因

原因分析步骤见图 9-4。

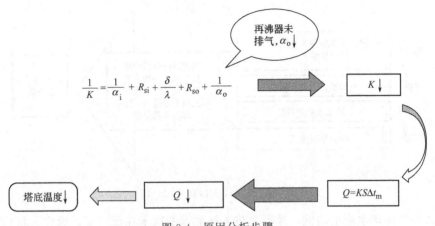

图 9-4　原因分析步骤

由于再沸器未排气,故壳程有不凝性气体,这样会导致管外的对流给热系数 α_o 减小,从而导致传热系数 K 减小,根据传热基本速率方程,可得知传热速率减小,所以进入塔底的蒸汽量减小,导致精馏塔内上升气量不足,故塔底温度偏低。

(二) 冷凝器 E403 管程数偏多故障

E403 流程示意见图 9-5。

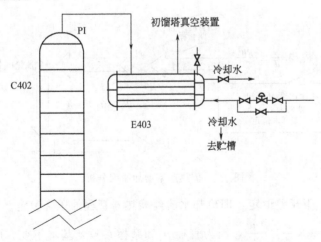

图 9-5　E403 流程示意

1. 故障排除步骤

塔顶压力偏高原因分析见图 9-6。

操作人员首先发现初馏塔 C402 塔顶压力偏高,然后分析塔顶压力偏高的可能原因。检查初馏塔 C402 塔底再沸器 E402 的换热情况,检查塔顶冷凝器 E403 的换热情况。检查发现塔顶冷凝器 E403 的换热出现问题,而且通过检查发现冷却水出口温度偏高。进一步分析,可能的原因有:冷却水进口温度偏高、冷却水流量偏低及 E403 未排气,根据冷却水进口温度显示及操作人员排气情况,最终是冷却水流量偏低。

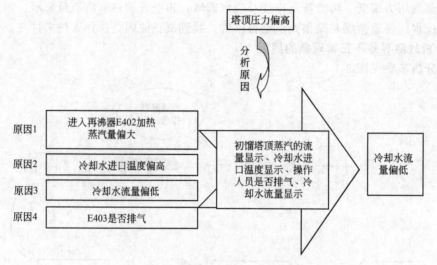

图 9-6 塔顶压力偏高原因分析

是什么导致冷却水流量偏低，是不是进入换热器的阀卡在低位了，操作人员检查发现并不是阀卡在低位。由于冷却水的上下压差是恒定的，再分析换热器的结构得知，此换热器是四管程换热器，这样冷却水流经换热器的流程是单管程的四倍，所以在换热器进出口压差恒定时，管程数越多，流速就会越小，即流量越小。因此此故障是换热器结构不合理，换热器管程数偏多，将四管程改为两管程，换热器流量即会增大。

2. 分析故障导致不正常现象的原因

传热速率增加原因分析见图 9-7。

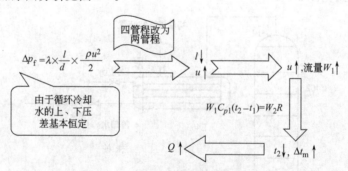

图 9-7 传热速率增加原因分析

由于冷却水上、下压差恒定，即冷却水流经换热器管程的压降恒定。根据流体流经换热器管程的压降 $\Delta p_f = \lambda \times \frac{l}{d} \times \frac{\rho u^2}{2}$，因为管径 d 和摩擦系数 λ 基本不变，所以流量的路径越长，流过的流速就越小。当四管程改为两管程后，流过的路径缩短，所以流速可以增大。这样根据热量衡算方程式 $W_1 C_{p1}(t_2-t_1) = W_2 R$ 可以得出，冷却水的出口温度可以下降，从而冷、热流体的温度差增加，传热速率增加，换热器的换热能力增加，可以将塔顶蒸汽全部冷凝成液体，塔顶的压降稳定在正常值。

第十章 控制回路和串级控制回路

一、吸收单元控制回路

序号	仪表位号	用途及仪表名称	单位	正常值
1	PIC111	C111 压力	kPa(表压)	1070
2	PIC114	E114 压力	kPa(表压)	333
3	PIC117	E115 压力	kPa(表压)	333
4	LIC102	C101 液位	%	50
5	LIC105	C102 液位	%	50
6	LLIC103	S101 相界面高度	%	50
7	LIC111	C111 液位	%	50
8	FIC101	C101 塔顶进料量	kg/h	100514
9	FIC112	醇、酮混合液流量	kg/h	1611
10	TIC105	C101 塔顶出料温度	℃	45
11	TIC130	R201 进料温度	℃	159
12	TIC115	E114 热物流出口温度	℃	10
13	TIC119	E115 热物流出口温度	℃	10

二、氧化单元控制回路

序号	仪表位号	用途及仪表名称	单位	正常值
1	FIC231	氧化釜空气通入量控制	kg/h	11384
2	LIC226	氧化反应器 R201 液位控制	%	60
3	PIC291	R202 压力控制	kPa(表压)	700
4	TIC291	R202 温度控制	℃	96
5	LIC291	R202 液位控制	%	50
6	FIC292	S218 有机相流量控制	kg/h	32504
7	LLIC214	S218 相界面控制	%	50

三、烷精馏单元控制回路

序号	仪表位号	用途及仪表名称	单位	正常值
1	PIC301	S301 压力	kPa(表压)	700
2	PIC305	C301 压力	kPa(表压)	500
3	PIC309	C302 压力	kPa(表压)	206
4	PIC361	S303 压力	kPa(表压)	2
5	LIC302	S301 液位	%	50
6	LIC305	C301 液位	%	50
7	LIC307	E302 液位	%	50
8	LIC308	C303 液位	%	50
9	LIC327	V301 液位	%	50
10	LIC329	C303 液位	%	50
11	LIC351	V312 液位	%	50
12	LIC354	V302 液位	%	50
13	LLIC352	C312 相界面高度	%	50
14	FIC302	E301 再沸器蒸汽流量	kg/h	11000
15	FIC303	烷一塔回流量	kg/h	21238
16	FIC305	烷二塔回流量	kg/h	25330
17	FIC326	V301 至 C102 的流量	kg/h	58113
18	FIC351	NaOH 流量	kg/h	120.6
19	FIC352	V311 的水流量	kg/h	1873
20	FIC354	烷三塔回流量	kg/h	26001
21	FIC361	C312 的水流量	kg/h	3576

四、酮精制单元控制回路

序号	仪表位号	用途及仪表名称	单位	正常值
1	FIC401	E401 加热蒸汽流量	kg/h	5164
2	LIC402	C401 塔釜液位	%	50
3	FIC412	P402 出口流量	kg/h	11514
4	FIC402	C402 进料流量	kg/h	11514
5	PIC406	C402 塔顶压力	kPa(表压)	-47
6	TIC401	C402 塔釜温度	℃	150
7	LIC411	E402 壳程液位	%	50
8	LIC403	V401 液位	%	50
9	LIC407	C402 塔底液位	%	50
10	FIC406	P405 出口流量	℃	76.3
11	TIC426	C403 塔釜温度	℃	131
12	FIC426	E406 加热蒸汽流量	kg/h	8100
13	FIC427	P407 出口流量	kg/h	5563
14	LIC427	C403 塔釜液位	%	50

续表

序号	仪表位号	用途及仪表名称	单位	正常值
15	FIC428	C403 回流量	kg/h	33164
16	PIC426	C403 塔顶压力	kPa(表压)	−94
17	LIC429	V402 液位	%	50
18	TIC422	E411 出料温度	℃	50
19	PIC452	E412 加热蒸汽压力	kPa(表压)	3000
20	PIC451	C404 塔顶压力	kPa(表压)	−94
21	FIC405	C404 回流量	kg/h	12817
22	LIC455	V403 液位	%	50

五、串级控制回路

串级控制的切除与投用主要表现在副回路的本地、远程上。

1. 串级控制的投用（本着先副后主的原则）

① 在副回路手动、本地控制下调节副回路，待主回路的主参数调节接近设定值后，副回路改自动；

② 将副回路投串级；

③ 调节主回路输出，使副回路测量值与设定值接近；

④ 主回路投自动，串级投用完毕。

2. 串级控制的切除

主、副回路切手动。

序号	主回路	副回路	功能说明
1	TIC302	FIC302	烷一塔 C301 塔釜温度控制
2	TIC307	LIC307	烷二塔 C302 塔釜温度控制
3	LIC402	FIC412	干燥塔 C401 塔釜液位控制
4	TIC401	LIC411	初馏塔 C402 塔釜温度控制
5	TIC426	FIC426	酮塔 C403 塔釜温度控制
6	LIC427	FIC427	酮塔 C403 塔釜液位控制

注意：在开车过程中不建议投入串级或自动，在手动状态下进行调节。待装置基本达到稳定状态时投入。

第十一章 工艺报警及联锁系统

一、吸收单元工艺报警及联锁系统

(一) 工艺报警一览表

设备	仪表位号	操作值	报警值	单位	报警现象及处理
S101	LLIC103	50	25	%	当设备液位没达到报警值时,仪表数值背景为黑色;当达到报警值时,仪表数值背景红粉闪烁
C102	LIC105	50	25	%	当设备液位没达到报警值时,仪表数值背景为黑色;当达到报警值时,仪表数值背景红粉闪烁
C102	LIC105	50	60	%	当设备液位没达到报警值时,仪表数值背景为黑色;当达到报警值时,仪表数值背景红粉闪烁
C111	PDS111	30	36	kPa（表压）	当设备压差没达到报警值时,仪表数值背景为黑色;当达到报警值时,仪表数值背景红粉闪烁
E114	LI114	50	60	%	当设备液位没达到报警值时,仪表数值背景为黑色;当达到报警值时,仪表数值背景红粉闪烁

(二) 工艺报警逻辑关系表

条件	现象
LLIC103.PV>25	LLIC103 仪表数值背景为黑色
LLIC103.PV≤25	LLIC103 仪表数值背景红粉闪烁
25<LIC105.PV<60	LIC105 仪表数值背景为黑色
LIC105.PV≤25	LIC105 仪表数值背景红粉闪烁
LIC105.PV≥60	LIC105 仪表数值背景红粉闪烁
PDS111.PV<36	PDS111 仪表数值背景为黑色
PDS11.PV≥36	PDS111 仪表数值背景红粉闪烁
LI114.PV<60	LI114 仪表数值背景为黑色
LI114.PV≥60	LI114 仪表数值背景红粉闪烁

(三)联锁一览表

设备	联锁序号	仪表位号	操作值	触发值	单位	联锁动作
S101	LLSL104	LLIC103	50	10	%	LLEV103 关闭
C111	PDSH111	PDS111	30	45	kPa(表压)	HV117 关闭

(四)联锁逻辑关系表

LLSL104.OP>0
AND ⇒ LS104.OP=1
LLIC103.PV≤10

⇒ LLEV103 关闭

LLSL104.OP>0
AND ⇒ LS104.OP=1
直接单击紧急关断按钮

处理:在联锁界面上按联锁复位按钮,重新开启供气阀LLEV103和控制阀LLPV103。

PDSH111.OP>0
AND ⇒ LS111.OP=1
PDS111.PV≥45

⇒ HV117 关闭

PDSH111.OP>0
AND ⇒ LS111.OP=1
直接单击紧急关断按钮

处理:在联锁界面上按联锁复位按钮,重新开启阀门HV117。

二、氧化单元工艺报警及联锁系统

(一)工艺报警一览表

设备	仪表位号	操作值	报警值	单位	报警现象及处理
R201	AI231	0.34	0.4187	%	当设备氧气含量没达到报警值时,仪表数值背景为黑色;当达到报警值时,仪表数值背景红粉闪烁

续表

设备	仪表位号	操作值	报警值	单位	报警现象及处理
R202	LIC291	50	25	%	当设备液位没达到报警值时,仪表数值背景为黑色;当达到报警值时,仪表数值背景红粉闪烁
R202	LIC291	50	60	%	当设备液位没达到报警值时,仪表数值背景为黑色;当达到报警值时,仪表数值背景红粉闪烁
S218	LLIC214	50	25	%	当设备液位没达到报警值时,仪表数值背景为黑色;当达到报警值时,仪表数值背景红粉闪烁

(二) 工艺报警逻辑关系表

条件	现象
AI231.PV＜0.4187	AI231仪表数值背景为黑色
AI231.PV≥0.4187	AI231仪表数值背景红粉闪烁
20＜LIC291.PV＜60	LIC291仪表数值背景为黑色
LIC291.PV≤20	LIC291仪表数值背景红粉闪烁
LIC291.PV≥60	LIC291仪表数值背景红粉闪烁
LLIC214.PV＞25	LLIC214仪表数值背景为黑色
LLIC214.PV≤25	LLIC214仪表数值背景红粉闪烁

(三) 联锁一览表

设备	联锁序号	仪表位号	操作值	触发值	单位	联锁动作	
R201	ASH231	AI231	0.34	0.487	%	FPV231	关闭
						JV204	关闭
						XPV261	开启
R202	LSL292	LIC291	50	20	%	P219A	停止
						XPV211	关闭
						LPV291	关闭
						FPV231	关闭
S218	LLSL217	LLIC214	50	15	%	XPV211	关闭

(四) 联锁逻辑关系表

PSH231.OP＞0
  AND ⇒ LS231A.OP=1
AI231.PV≥0.487

⇒ FPV231 关闭
  JV204 关闭
  XPV261 开启

PSH231.OP＞0
  AND ⇒ LS231A.OP=1
直接单击紧急关断按钮

处理：在联锁界面上按联锁复位按钮，重新开启控制阀 FPV231 和阀门 JV204，并且关闭 XPV261。

$$\left.\begin{array}{l} \text{PSH292.OP}>0 \\ \text{AND} \Rightarrow \text{LS292A.OP}=1 \\ \text{LIC291.PV}\leqslant 20 \end{array}\right\}$$

$$\left.\begin{array}{l} \text{PSH292.OP}>0 \\ \text{AND} \Rightarrow \text{LS292A.OP}=1 \\ \text{直接单击紧急关断按钮} \end{array}\right\} \Rightarrow \begin{array}{ll} \text{P219A} & \text{停止} \\ \text{XPV211} & \text{关闭} \\ \text{LPV291} & \text{关闭} \\ \text{FPV231} & \text{关闭} \end{array}$$

处理：在联锁界面上按联锁复位按钮，重新开启泵 P219A，打开阀门 XPV211，控制阀 LPV291 和 FPV231。

$$\left.\begin{array}{l} \text{PSH217.OP}>0 \\ \text{AND} \Rightarrow \text{LS217A.OP}=1 \\ \text{LLIC214.PV}\leqslant 15 \end{array}\right\}$$

$$\left.\begin{array}{l} \text{PSH217.OP}>0 \\ \text{AND} \Rightarrow \text{LS217A.OP}=1 \\ \text{直接单击紧急关断按钮} \end{array}\right\} \Rightarrow \text{XPV211 关闭}$$

处理：在联锁界面上按联锁复位按钮，重新开启阀门 XPV211。

三、烷精馏单元工艺报警及联锁系统

(一) 工艺报警一览表

设备	仪表位号	操作值	报警值	单位	报警现象及处理
S301	PI320	700	750	kPa(表压)	当设备压力没达到报警值时,仪表数值背景为黑色;当达到报警值时,仪表数值背景红粉闪烁
S301	LIC302	50	25	%	当设备液位没达到报警值时,仪表数值背景为黑色;当达到报警值时,仪表数值背景红粉闪烁
C301	PI322	560	600	kPa(表压)	当设备压力没达到报警值时,仪表数值背景为黑色;当达到报警值时,仪表数值背景红粉闪烁

续表

设备	仪表位号	操作值	报警值	单位	报警现象及处理
C301	PDA307	60	80	kPa(表压)	当设备压差没达到报警值时,仪表数值背景为黑色;当达到报警值时,仪表数值背景红粉闪烁
V301	LIC327	50	25	%	当设备液位没达到报警值时,仪表数值背景为黑色;当达到报警值时,仪表数值背景红粉闪烁
C303	TIC327	143	140	℃	当设备温度没达到报警值时,仪表数值背景为黑色;当达到报警值时,仪表数值背景红粉闪烁

(二) 工艺报警逻辑关系表

条件	现象
PI320.PV<750	PI320仪表数值背景为黑色
PI320.PV≥750	PI320仪表数值背景红粉闪烁
LIC302.PV>25	LIC302仪表数值背景为黑色
LIC302.PV≤25	LIC302仪表数值背景红粉闪烁
PI322.PV<600	PI322仪表数值背景为黑色
PI322.PV≥600	PI322仪表数值背景红粉闪烁
PDA307.PV<80	PDA307仪表数值背景为黑色
PDA307.PV≥80	PDA307仪表数值背景红粉闪烁
LIC327.PV>25	LIC327仪表数值背景为黑色
LIC327.PV≤25	LIC327仪表数值背景红粉闪烁
TIC327.PV>140	TIC327仪表数值背景为黑色
TIC327.PV≤140	TIC327仪表数值背景红粉闪烁

(三) 联锁一览表

设备	联锁序号	仪表位号	操作值	触发值	单位	联锁动作
C301	PSH306	PDA307	60	80	kPa(表压)	FEV302 关闭 FEV326 关闭
C303	TSL301	TIC327	143	140	℃	LEV329 关闭 XEV301 开启

(四) 联锁逻辑关系表

PSH306.OP>0
　　AND ⟹ LS306A.OP=1
PDA307.PV≥80
⟹ FEV302 关闭

PSH306.OP>0
　　AND ⟹ LS306A.OP=1
直接单击紧急关断按钮
⟹ FEV326 关闭

处理：在联锁界面上按联锁复位按钮，重新开启供气阀 FEV302、FEV326 和控制阀 FV302、FV326。

$$\left.\begin{array}{c}\text{TSL301.OP}>0\\ \text{AND}\\ \text{TIC327.PV}\leqslant140\end{array}\right\}\Rightarrow \text{LS301A.OP}=1$$

$$\left.\begin{array}{c}\text{TSL301.OP}>0\\ \text{AND}\\ \text{直接单击}\\ \text{紧急关断按钮}\end{array}\right\}\Rightarrow \text{LS301A.OP}=1$$

$$\Rightarrow \left\{\begin{array}{ll}\text{LEV329} & \text{关闭}\\ \text{XEV301} & \text{开启}\end{array}\right.$$

处理：在联锁界面上按联锁复位按钮，重新开启供气阀 LEV329 和控制阀 LV329，关闭阀门 HPV332。

四、酮精制单元工艺报警及联锁系统

(一) 工艺报警一览表

设备	仪表位号	操作值	报警值	单位	报警现象及处理
C401	LIC402	50	60	%	当设备液位没达到报警值时，仪表数值背景为黑色；当达到报警值时，仪表数值背景红粉闪烁
C402	PDA401	15	18	kPa(表压)	当设备压差没达到报警值时，仪表数值背景为黑色；当达到报警值时，仪表数值背景红粉闪烁
C403	PI415	−79	−66	kPa(表压)	当设备压力没达到报警值时，仪表数值背景为黑色；当达到报警值时，仪表数值背景红粉闪烁
C403	PI415	−79	−158	kPa(表压)	当设备压力没达到报警值时，仪表数值背景为黑色；当达到报警值时，仪表数值背景红粉闪烁

(二) 工艺报警逻辑关系表

条 件	现 象
LIC402.PV<60	LIC402 仪表数值背景为黑色
LIC402.PV≥60	LIC402 仪表数值背景红粉闪烁
PDA401.PV<18	PDA401 仪表数值背景为黑色
PDA401.PV≥18	PDA401 仪表数值背景红粉闪烁
−158<PI415.PV<−66	PI415 仪表数值背景为黑色
PI415.PV≥−66	PI415 仪表数值背景红粉闪烁
PI415.PV≤−158	PI415 仪表数值背景红粉闪烁

(三) 联锁一览表

设备	联锁序号	仪表位号	操作值	触发值	单位	联锁动作
C403	PSH431	PI415	−79	−74	kPa(表压)	FEV426 关闭 FEV427 关闭

(四) 联锁逻辑关系表

PSH431.OP>0 ┐
             ├ AND ⇒ LS431A.OP=1 ┐
PI415.PV≥−74 ┘   │
                                   ├⇒ FEV426 关闭
                                   │
PSH306.OP>0 ┐   │ FEV427 关闭
             ├ AND ⇒ LS431A.OP=1 ┘
直接单击   ┘
紧急关断按钮

处理：在联锁界面上按联锁复位按钮，重新开启供气阀 FEV426 和控制阀 FV426、供气阀 FEV427 和控制阀 FV427。

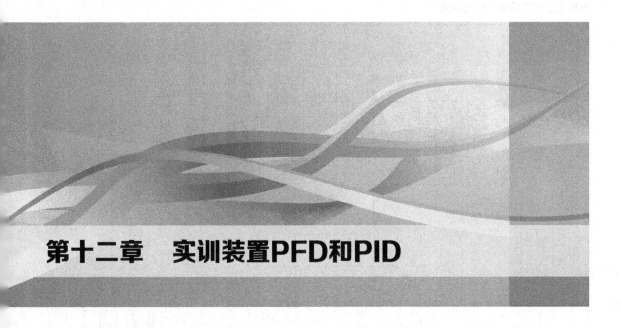

第十二章 实训装置PFD和PID

一、吸收单元

1. 图 12-1 吸收单元 PFD1
2. 图 12-2 吸收单元 PFD2
3. 图 12-3 吸收单元 PID1
4. 图 12-4 吸收单元 PID2

二、氧化单元

1. 图 12-5 氧化单元 PFD1
2. 图 12-6 氧化单元 PFD2
3. 图 12-7 氧化单元 PID1
4. 图 12-8 氧化单元 PID2

三、烷精馏单元

1. 图 12-9 烷精馏单元 PFD1
2. 图 12-10 烷精馏单元 PFD2
3. 图 12-11 烷精馏单元 PID1
4. 图 12-12 烷精馏单元 PID2

四、酮精制单元

1. 图 12-13 酮精制单元 PFD1
2. 图 12-14 酮精制单元 PFD2
3. 图 12-15 酮精制单元 PFD3
4. 图 12-16 酮精制单元 PID1
5. 图 12-17 酮精制单元 PID2
6. 图 12-18 酮精制单元 PID3
7. 图 12-19 酮精制单元 PID4
8. 图 12-20 酮精制单元 PID5

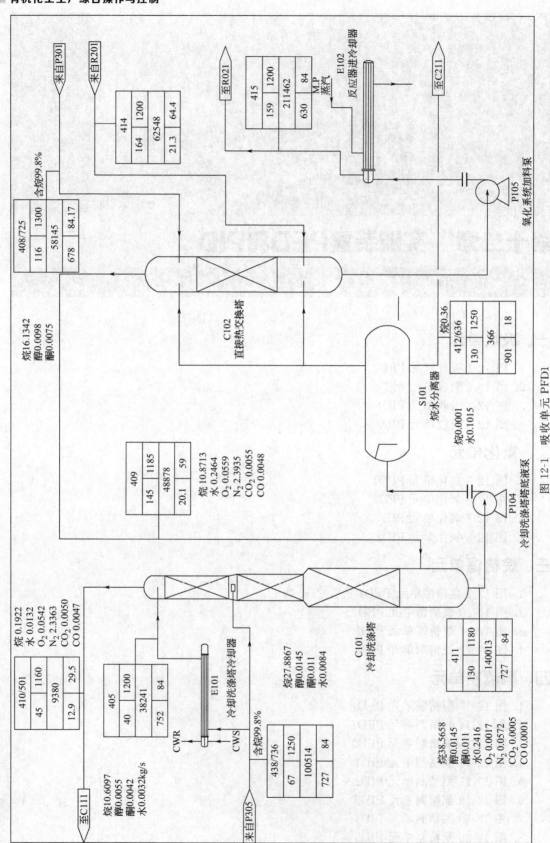

图 12-1 吸收单元 PFD1

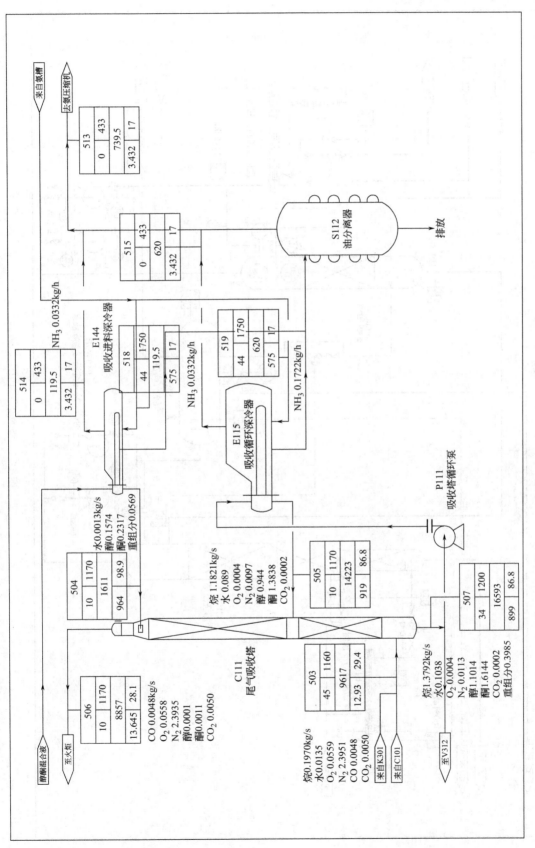

图 12-2 吸收单元 PFD2

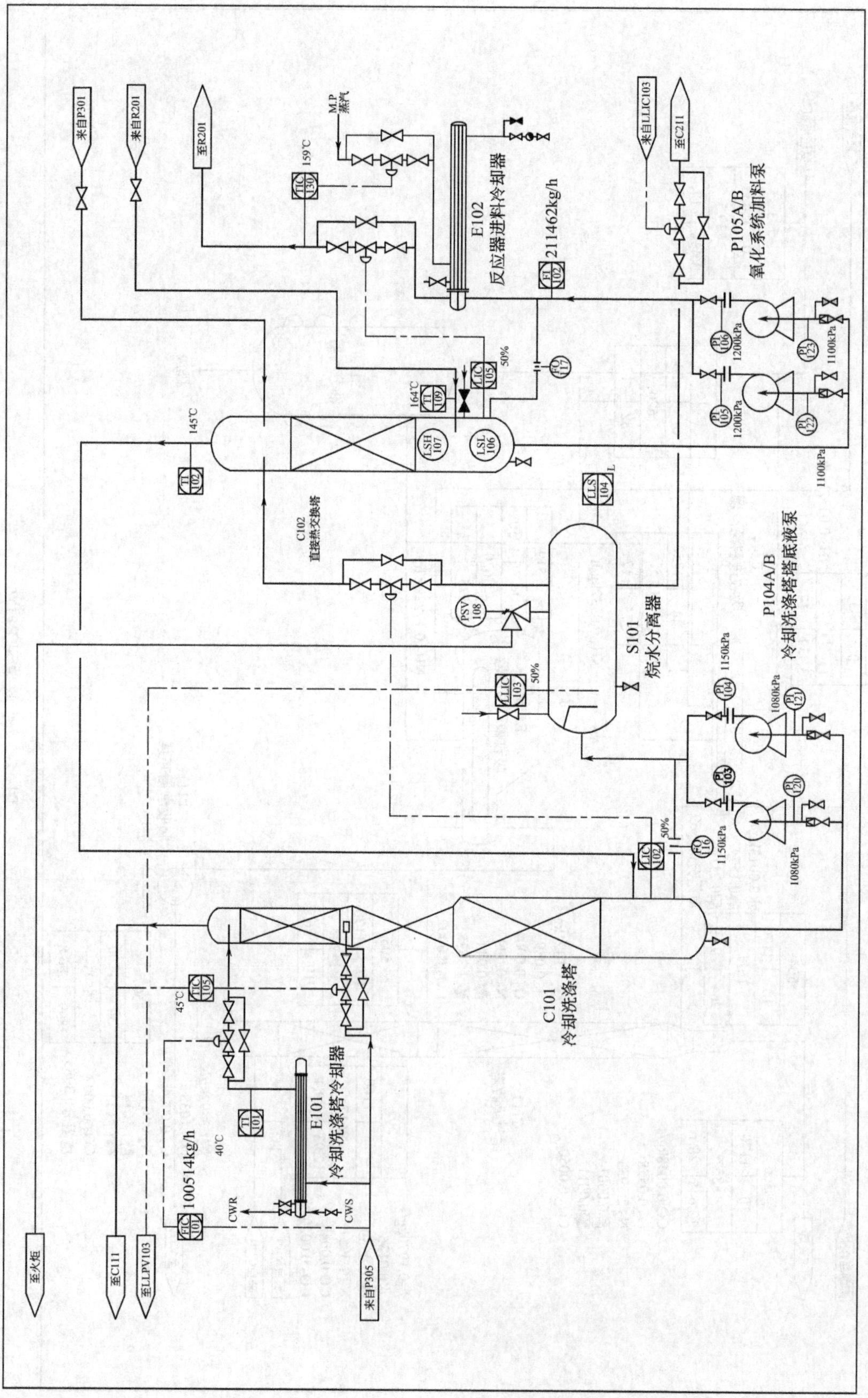

图 12-3 吸收单元 PID1

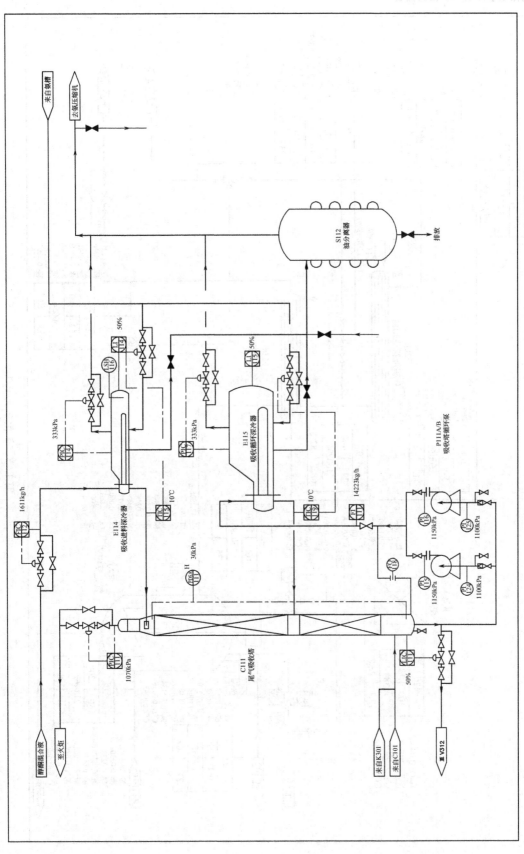

图 12-4 吸收单元 PID2

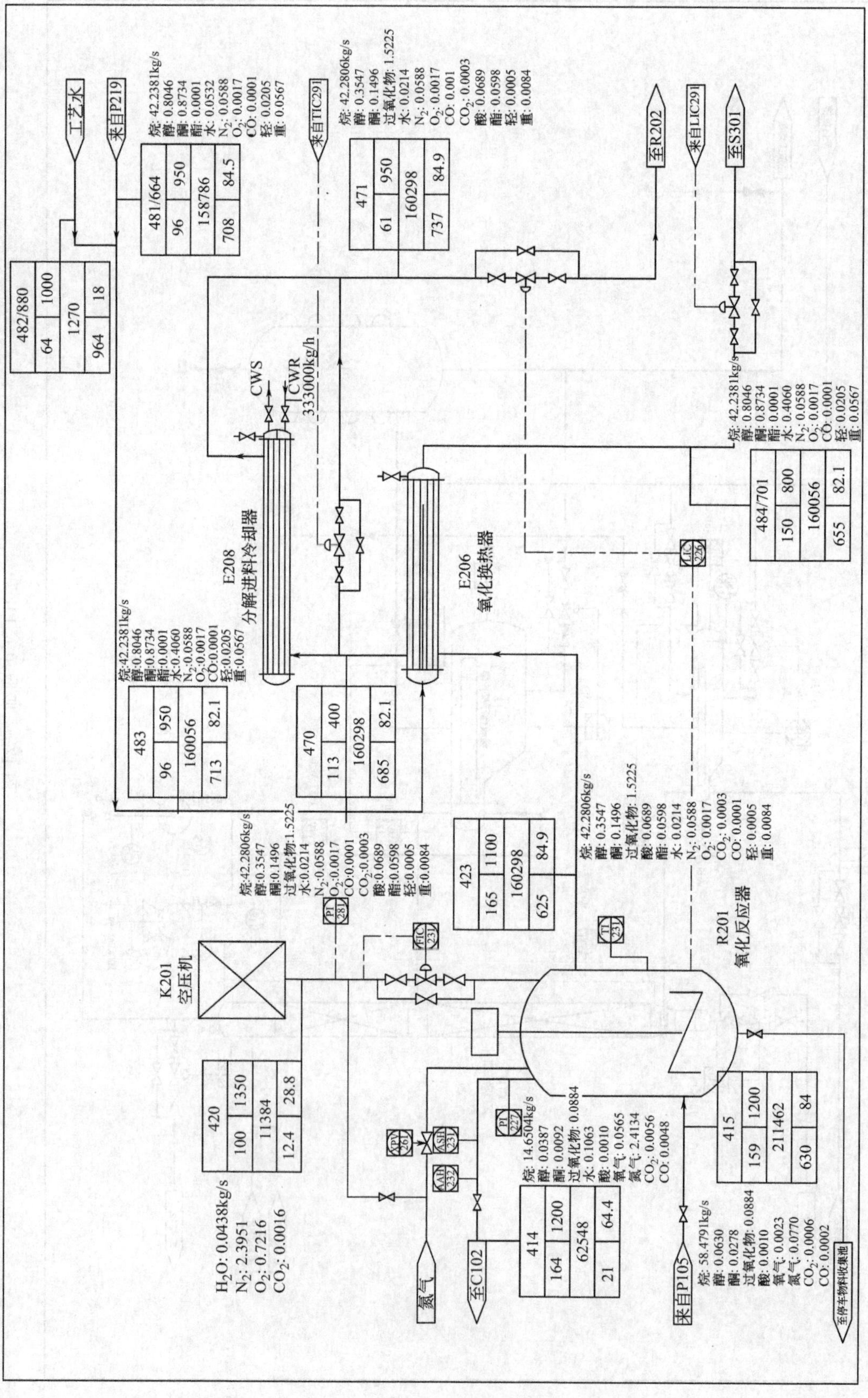

图12-5 氧化单元PFD1

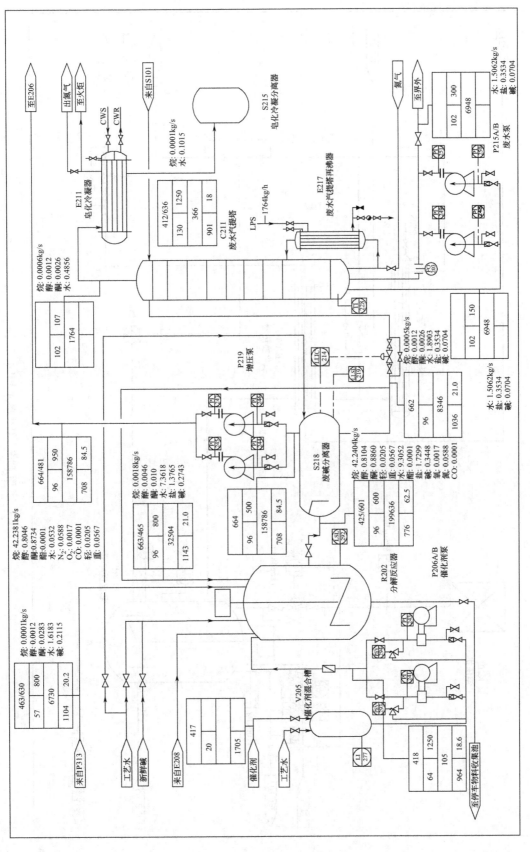

图 12-6 氧化单元 PFD2

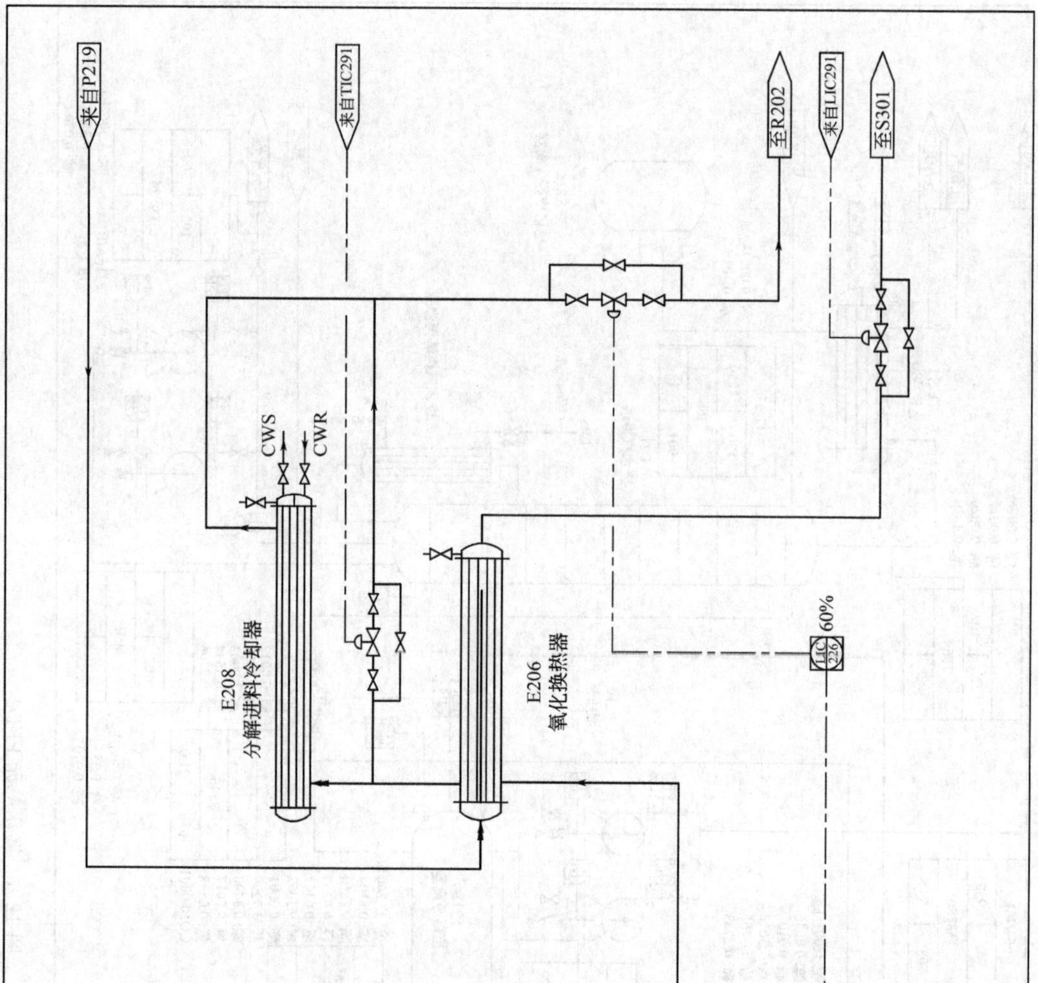

图 12-7　氧化单元 PID1

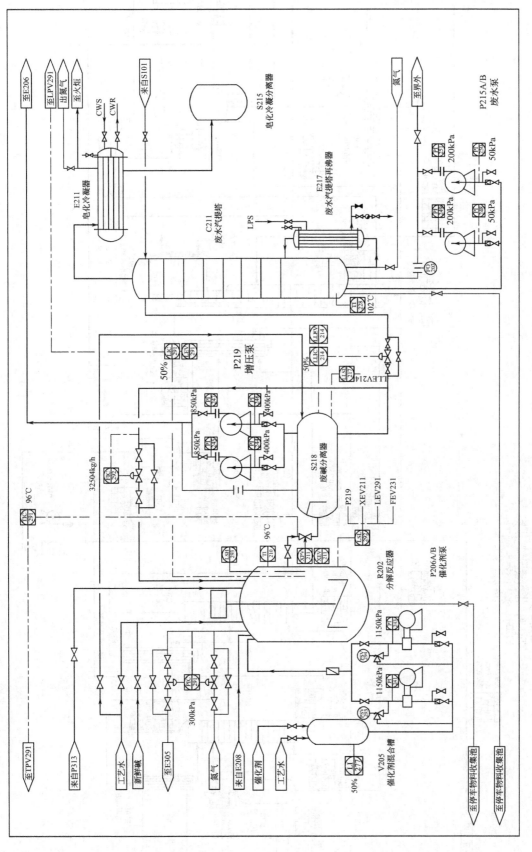

图 12-8 氧化单元 PID2

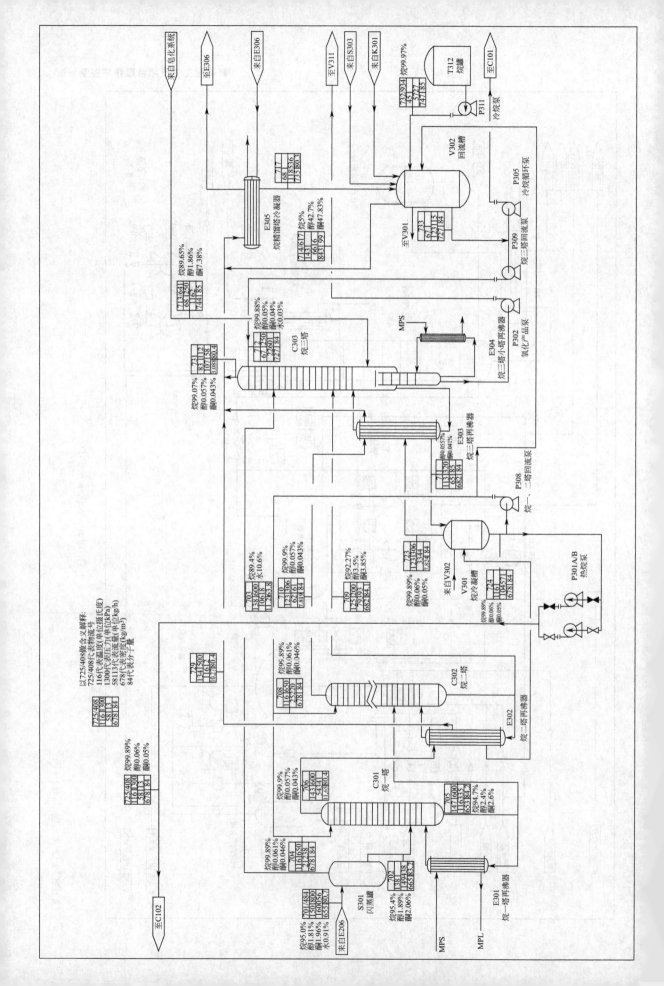

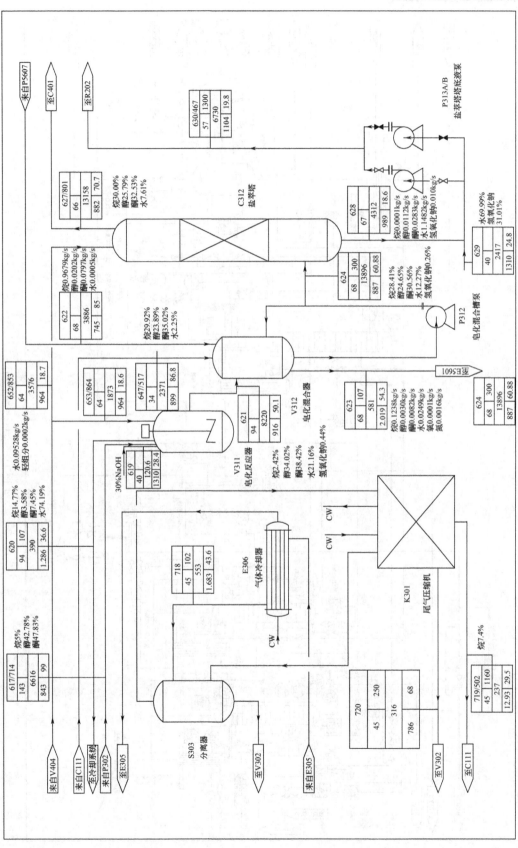

图 12-10 烷精馏单元 PFD2

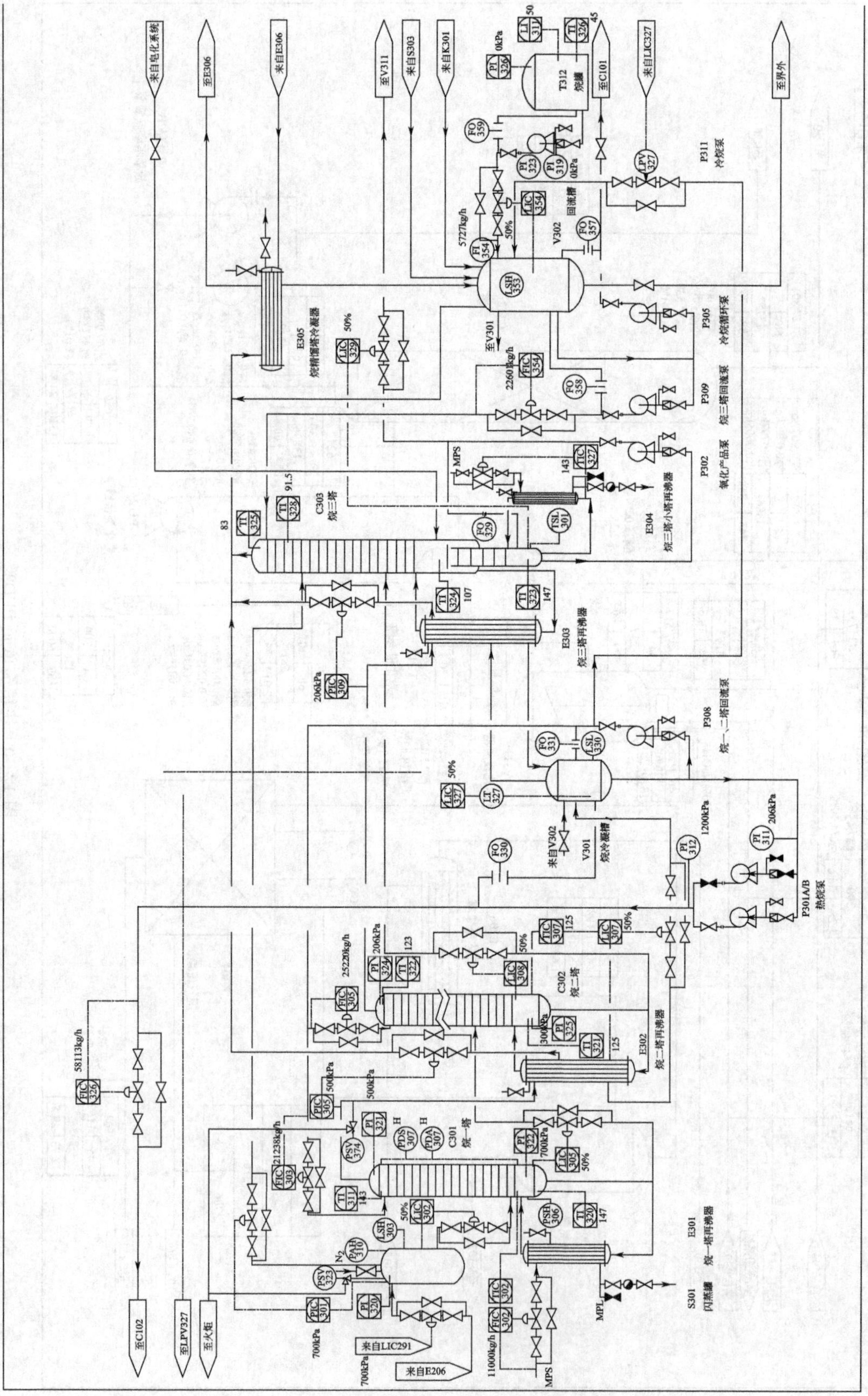

图 12-11 烷精馏单元 PID1

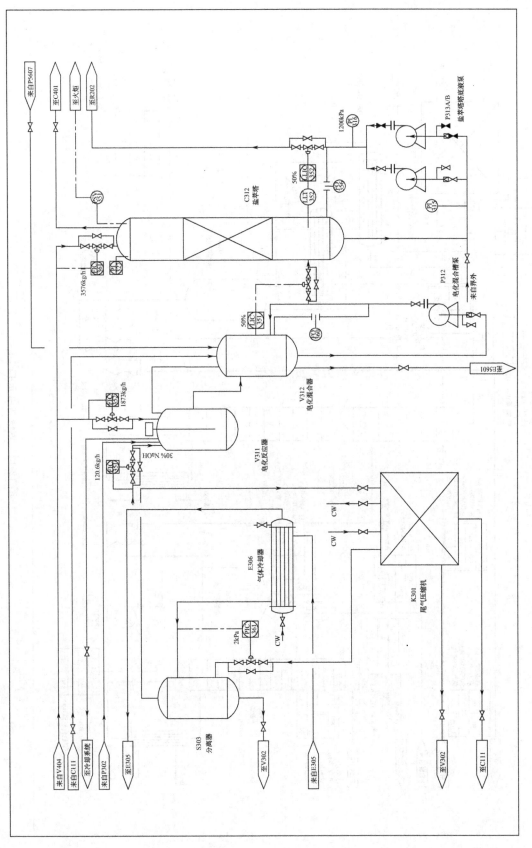

图 12-12 烷精馏单元 PID2

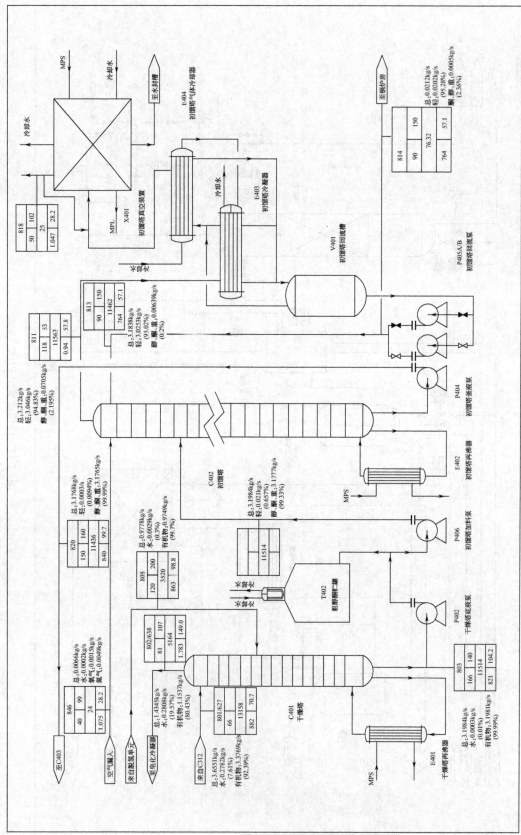

图12-13 酮精制单元PFD1

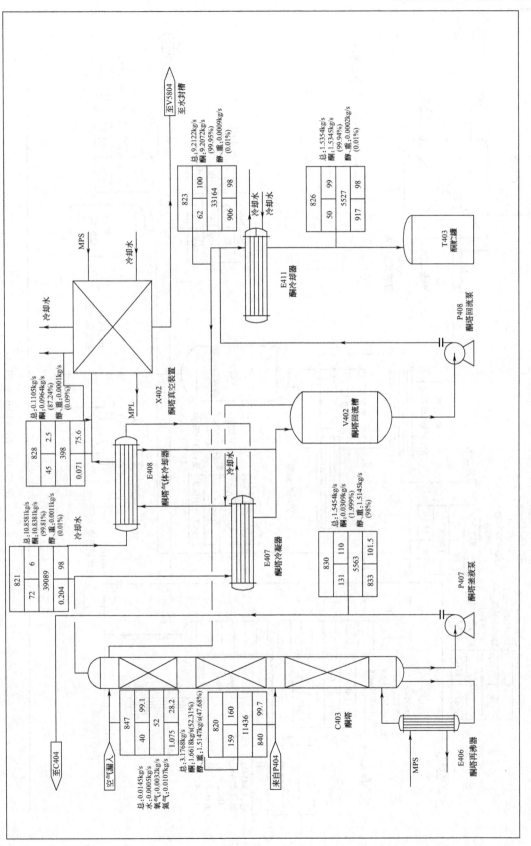

图 12-14 酮精制单元 PFD2

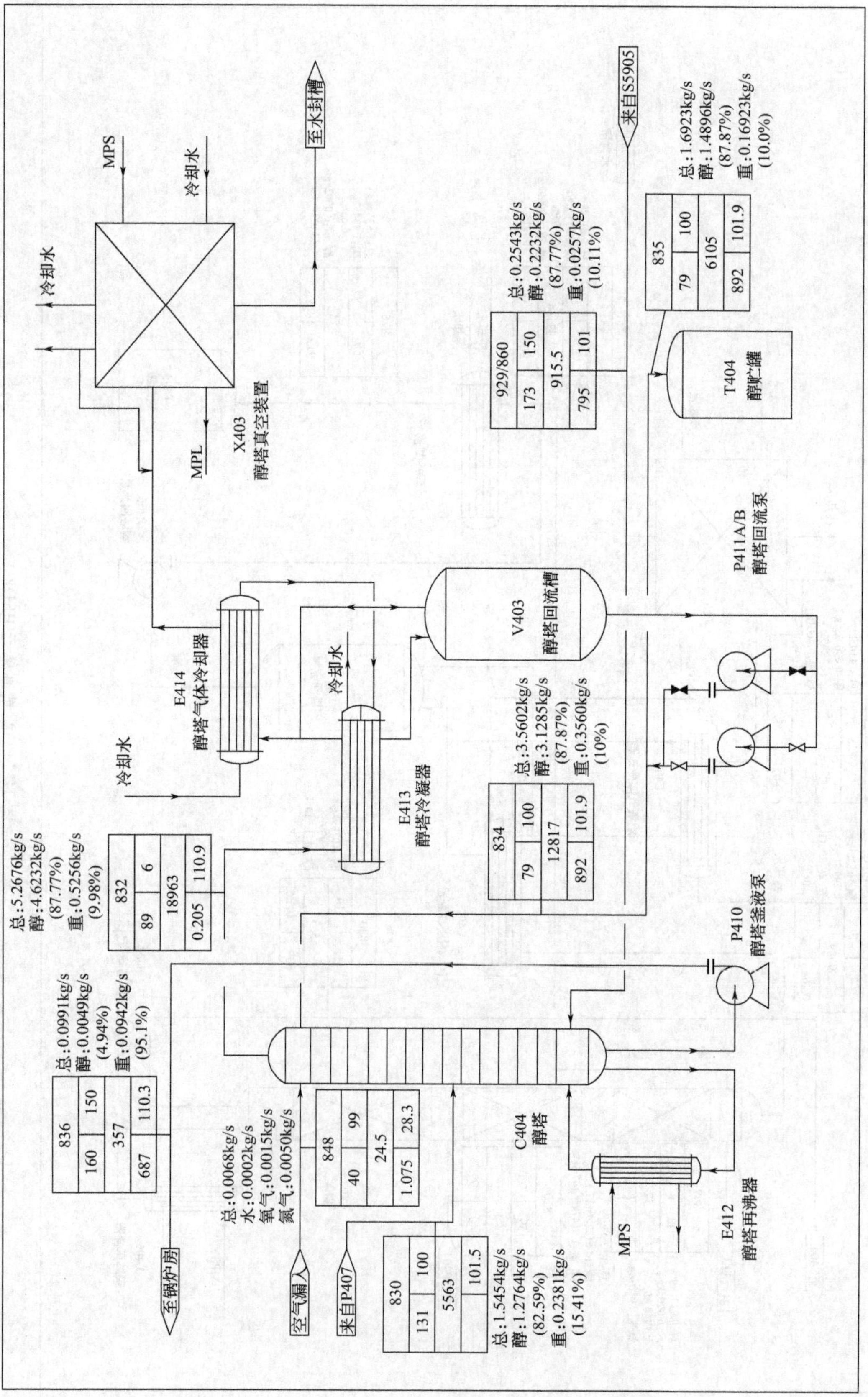

图 12-15 醇精制单元 PFD3

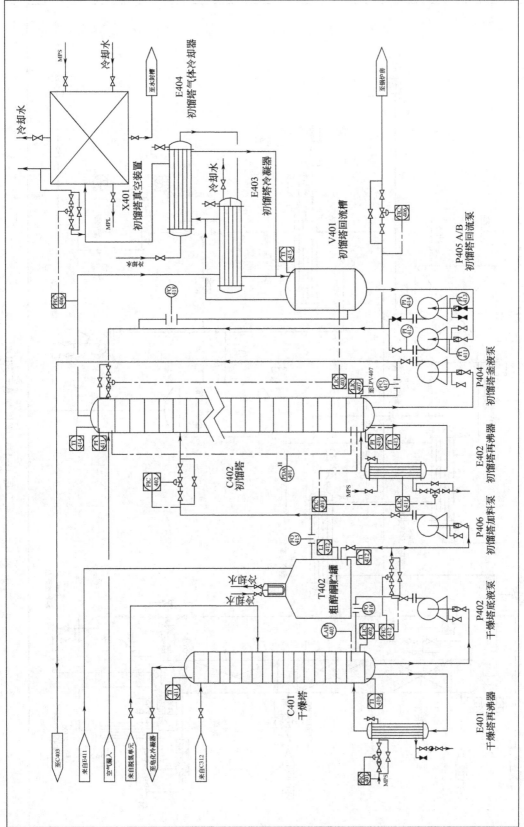

图 12-16 酮精制单元 PID1

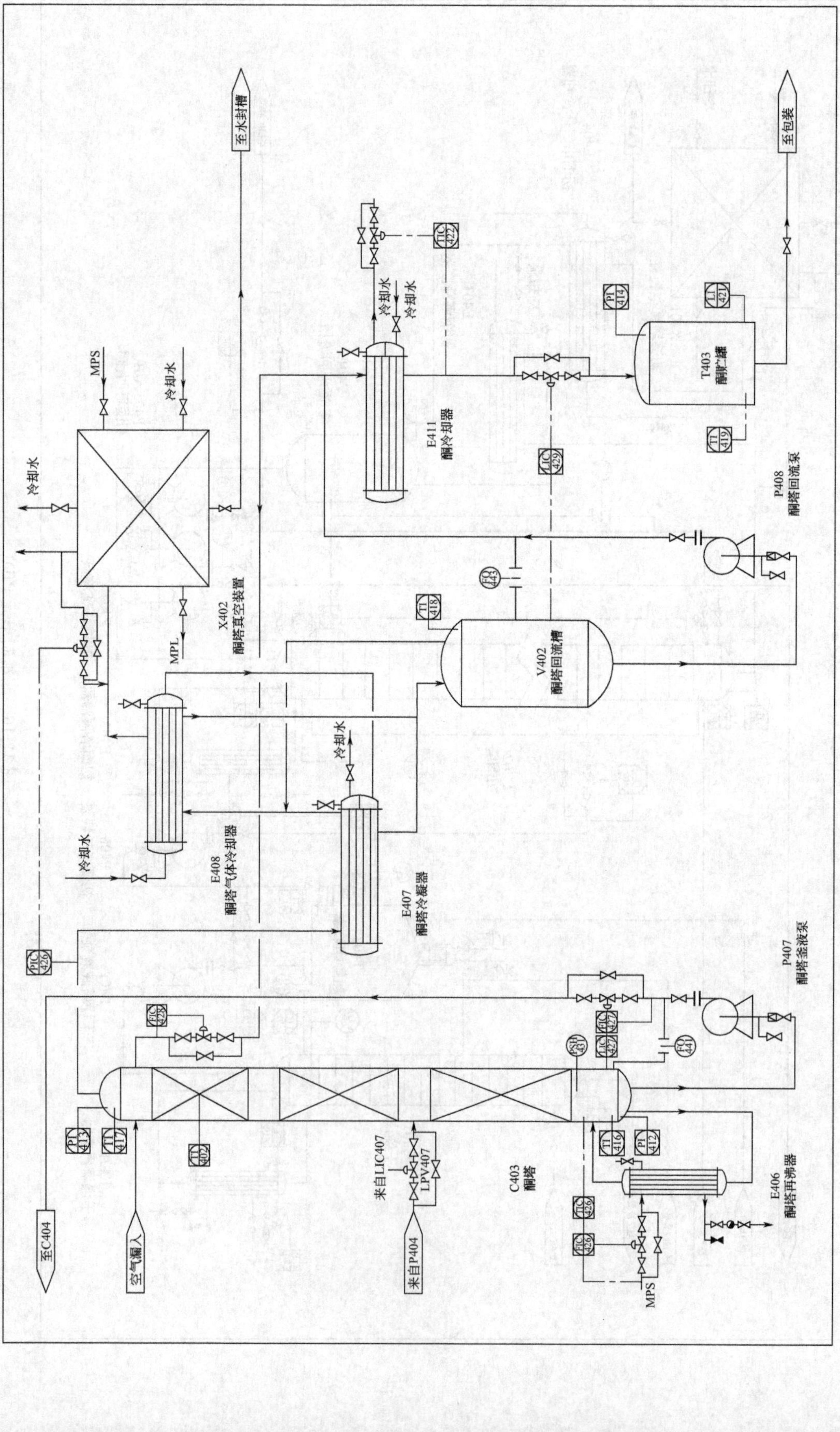

图 12-17 酮精制单元 PID2

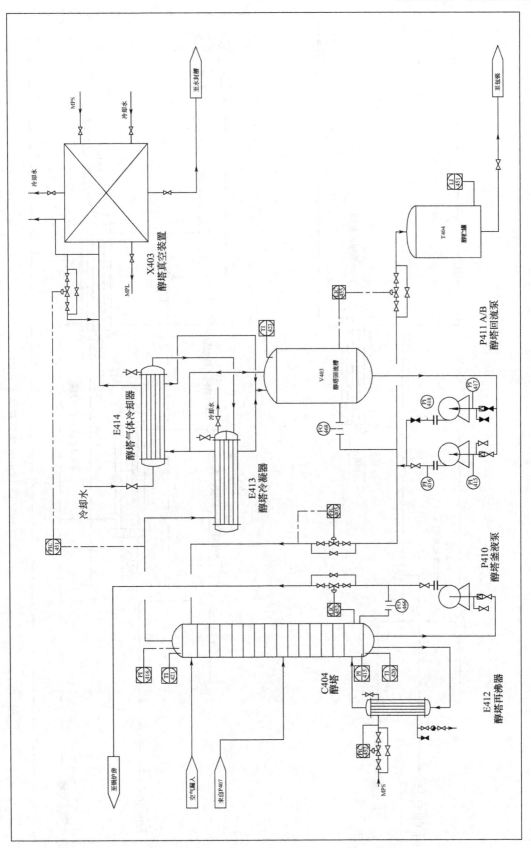

图 12-18 酮精制单元 PID3

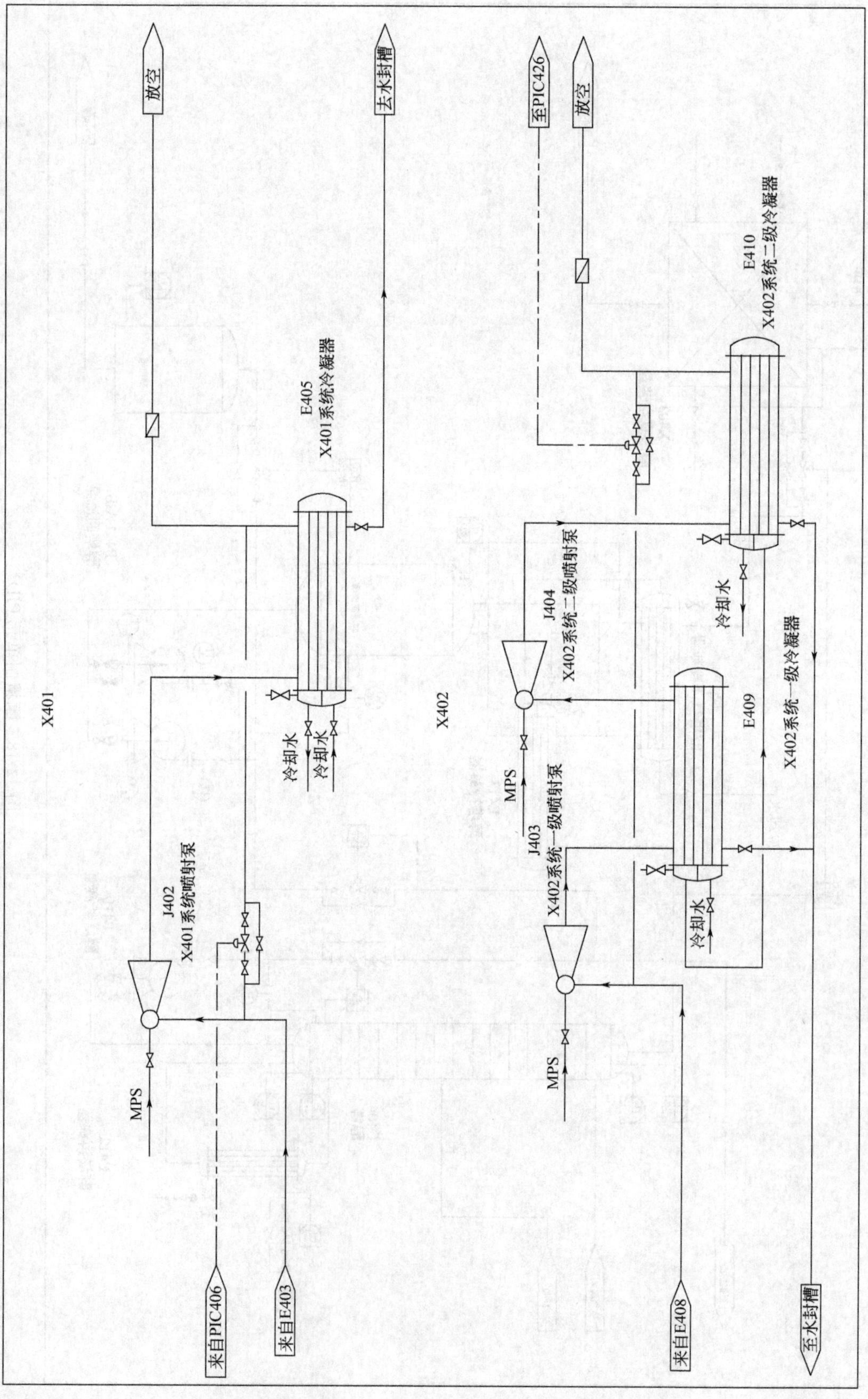

图 12-19 酮精制单元 PID4

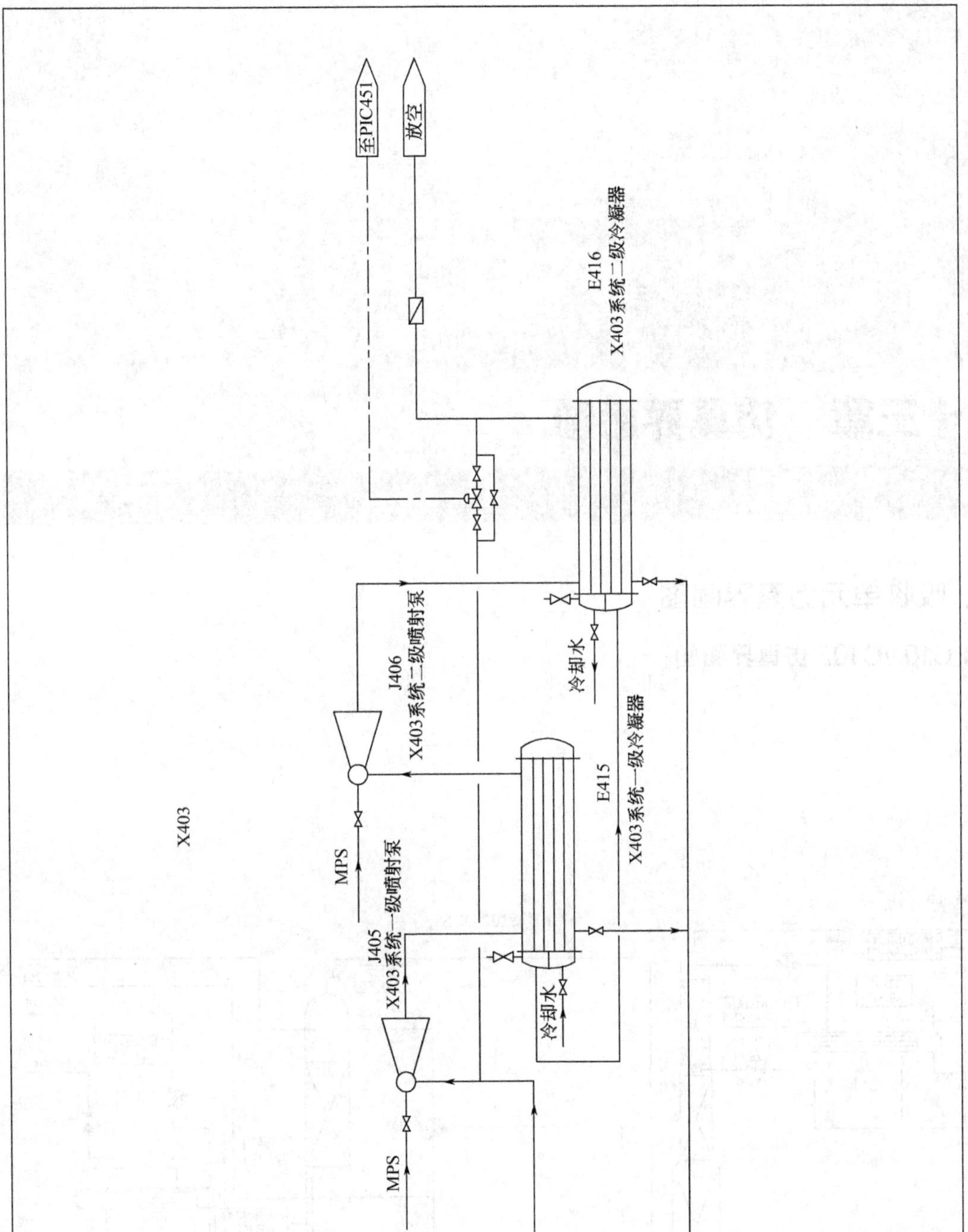

图 12-20 酮精制单元 PID5

第十三章 仿真界面图

一、吸收单元仿真界面图

(一) C101/C102 仿真界面图

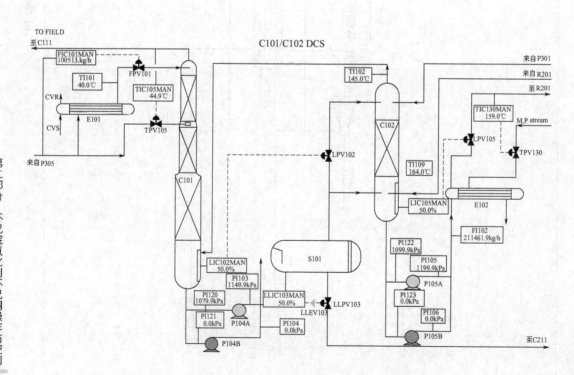

(二) C111 仿真界面图

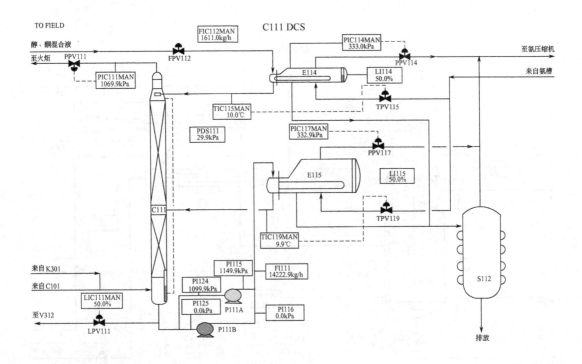

二、氧化单元仿真界面图

(一) C211 仿真界面图

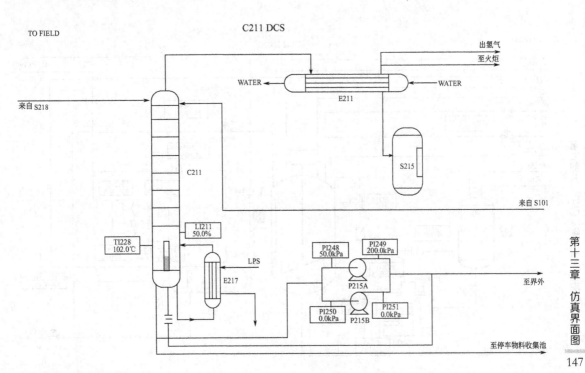

(二) R201 仿真界面图

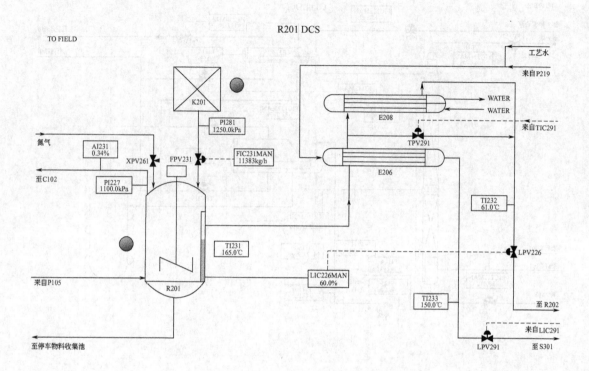

(三) R202 仿真界面图

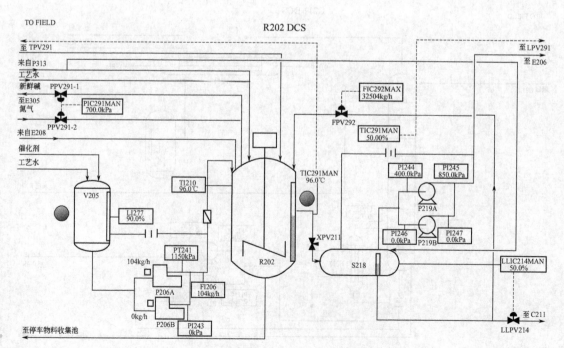

三、烷精馏单元仿真界面图

(一) C301/C302 仿真界面图

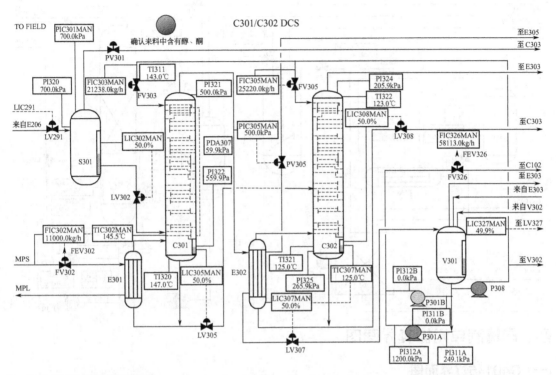

(二) C303 仿真界面图

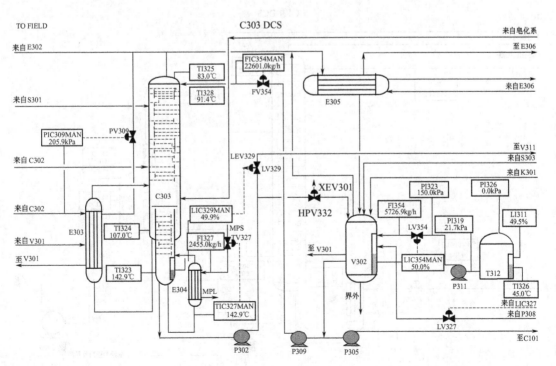

(三) C312 仿真界面图

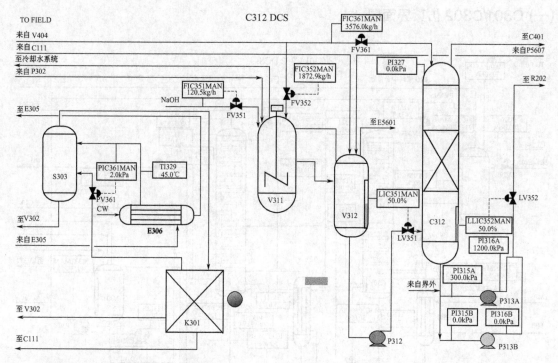

四、酮精制单元仿真界面图

(一) C401 仿真界面图

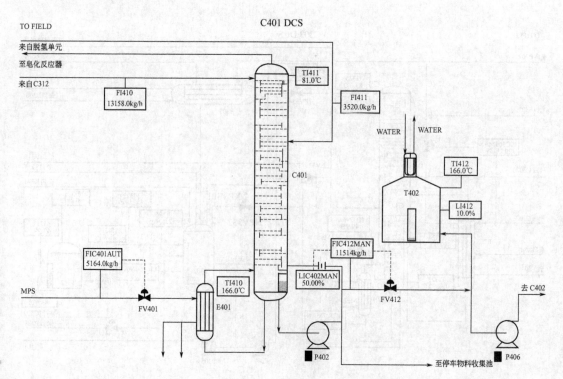

(二) C402 仿真界面图

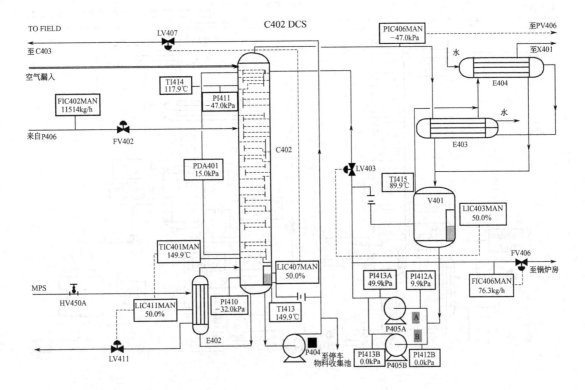

(三) C403 仿真界面图

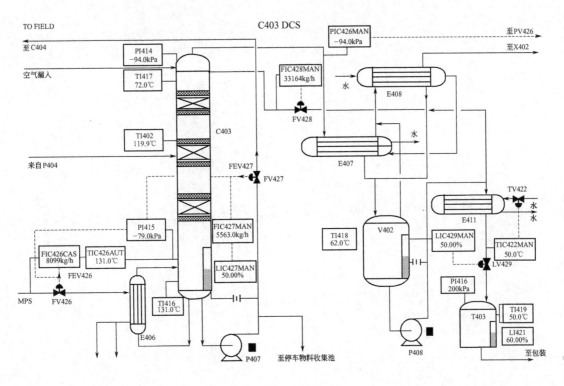

(四) C404 仿真界面图

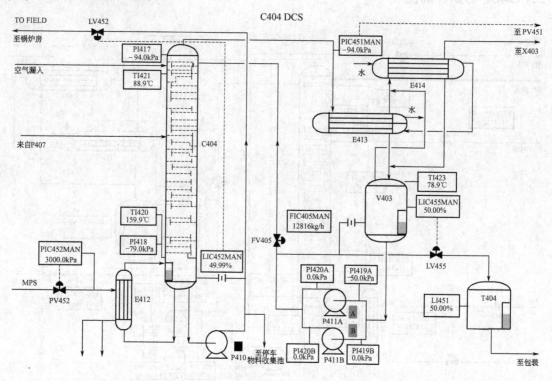

附件　阀门位号

1. 吸收单元

序号	位号	作用
1	FPV101	C101塔顶流量控制阀
2	FV101A	C101塔顶流量控制阀前截止阀
3	FV101B	C101塔顶流量控制阀后截止阀
4	FV101C	C101塔顶流量控制旁路阀
5	TPV105	C101塔顶温度控制阀
6	TV105A	C101塔顶温度控制阀前截止阀
7	TV105B	C101塔顶温度控制阀后截止阀
8	TV105C	C101塔顶温度控制旁路阀
9	LPV102	C101塔底液位控制阀
10	LV102A	C101塔底液位控制阀前截止阀
11	LV102B	C101塔底液位控制阀后截止阀
12	LV102C	C101塔底液位控制旁路阀
13	LPV105	C102塔底液位控制阀
14	LV105A	C102塔底液位控制阀前截止阀
15	LV105B	C102塔底液位控制阀后截止阀
16	LV105C	C102塔底液位控制旁路阀
17	TPV130	R201进料温度控制阀
18	TV130A	R201进料温度控制阀前截止阀
19	TV130B	R201进料温度控制阀后截止阀
20	TV130C	R201进料温度控制旁路阀
21	LLPV103	S101相界面控制阀
22	LLV103A	S101相界面控制阀前截止阀
23	LLV103B	S101相界面控制阀后截止阀
24	LLV103C	S101相界面控制旁路阀
25	PPV111	C111塔顶压力控制阀

续表

序号	位号	作用
26	PV111A	C111塔顶压力控制阀前截止阀
27	PV111B	C111塔顶压力控制阀后截止阀
28	PV111C	C111塔顶压力控制旁路阀
29	LPV111	C111塔底液位控制阀
30	LV111A	C111塔底液位控制阀前截止阀
31	LV111B	C111塔底液位控制阀后截止阀
32	LV111C	C111塔底液位控制旁路阀
33	FPV112	醇、酮混合液流量控制阀
34	FV112A	醇、酮混合液流量控制阀前截止阀
35	FV112B	醇、酮混合液流量控制阀后截止阀
36	FV112C	醇、酮混合液流量控制旁路阀
37	PPV114	E114壳程压力控制阀
38	PV114A	E114壳程压力控制阀前截止阀
39	PV114B	E114壳程压力控制阀后截止阀
40	PV114C	E114壳程压力控制旁路阀
41	TPV115	E114管程流体出口温度控制阀
42	TV115A	E114管程流体出口温度控制阀前截止阀
43	TV115B	E114管程流体出口温度控制阀后截止阀
44	TV115C	E114管程流体出口温度控制旁路阀
45	PPV117	E115壳程压力控制阀
46	PV117A	E115壳程压力控制阀前截止阀
47	PV117B	E115壳程压力控制阀后截止阀
48	PV117C	E115壳程压力控制旁路阀
49	TPV119	E115管程流体出口温度控制阀
50	TV119A	E115管程流体出口温度控制阀前截止阀
51	TV119B	E115管程流体出口温度控制阀后截止阀
52	TV119C	E115管程流体出口温度控制旁路阀
53	HV160A	P104A进口阀
54	HV160B	P104A出口阀
55	HV160C	P104A排液阀
56	HV161A	P104B进口阀
57	HV161B	P104B出口阀
58	HV161C	P104B排液阀
59	HV162A	P105A进口阀
60	HV162B	P105A出口阀
61	HV162C	P105A排液阀
62	HV163A	P105B进口阀
63	HV163B	P105B出口阀
64	HV163C	P105B排液阀
65	HV164A	P111A进口阀

续表

序号	位号	作用
66	HV164B	P111A 出口阀
67	HV164C	P111A 排液阀
68	HV165A	P111B 进口阀
69	HV165B	P111B 出口阀
70	HV165C	P111B 排液阀
71	HV120	E101 排气阀
72	HV121	E102 排气阀
73	HV140A	E101 冷却水进口阀
74	HV140B	E101 冷却水出口阀
75	HV114	E114 排油阀
76	HV115	E115 排油阀
77	HV116	E101 疏水阀
78	HV116A	E102 疏水阀前阀
79	HV116B	E102 疏水阀后阀
80	HV116C	E102 疏水阀旁路阀
81	HV117	P111 泵出口阀
82	PSV108	S101 压力安全阀
83	JV115	N_2 至 E114、E115 置换阀门进口
84	JV116	N_2 至 E114、E115 置换阀门出口
85	JV104	P301 至 C102 管线阀门
86	JV171	S112 排油阀门
87	JV117	C102 充 N_2 置换阀门进口
88	JV119	S101 工艺水入口阀门
89	JV302	R201 至 C102 管线阀门
90	JV309	K301 至 C111 管线阀门
91	JV101	C101 塔底泄液阀
92	JV102	C102 塔底泄液阀
93	JV103	S101 塔底泄液阀
94	JV111	C111 塔底泄液阀
95	LLEV103	LLSL104 的联锁阀门(对应 LLIC103)

2. 氧化单元

序号	位号	作用
1	FPV231	R201 空气进料流量控制阀
2	FV231A	R201 空气进料流量控制阀前截止阀
3	FV231B	R201 空气进料流量控制阀后截止阀
4	FV231C	R201 空气进料流量控制旁路阀
5	LPV226	R201 液位控制阀
6	LV226A	R201 液位控制阀前截止阀
7	LV226B	R201 液位控制阀后截止阀

续表

序号	位号	作用
8	LV226C	R201 液位控制旁路阀
9	TPV291	R202 温度控制阀
10	TV291A	R202 温度控制阀前截止阀
11	TV291B	R202 温度控制阀后截止阀
12	TV291C	R202 温度控制阀旁路阀
13	PPV291-1	R202 压力控制阀（R202 至 E305）
14	PV291-1A	R202 压力控制阀前截止阀（R202 至 E305）
15	PV291-1B	R202 压力控制阀后截止阀（R202 至 E305）
16	PV291-1C	R202 压力控制旁路阀（R202 至 E305）
17	PPV291-2	R202 压力控制阀（R202 至氮气管）
18	PV291-2A	R202 压力控制阀前截止阀（R202 至氮气管）
19	PV291-2B	R202 压力控制阀后截止阀（R202 至氮气管）
20	PV291-2C	R202 压力控制旁路阀（R202 至氮气管）
21	LPV291	S301 进料流量控制阀
22	LV291A	S301 进料流量控制阀前截止阀
23	LV291B	S301 进料流量控制阀后截止阀
24	LV291C	S301 进料流量控制旁路阀
25	LLPV214	S218 相界面控制阀
26	LLV214A	S218 相界面控制阀前截止阀
27	LLV214B	S218 相界面控制阀后截止阀
28	LLV214C	S218 相界面控制旁路阀
29	HV260A	P206A 进口阀
30	HV260B	P206A 出口阀
31	HV260C	P206A 排液阀
32	HV261A	P206B 进口阀
33	HV261B	P206B 出口阀
34	HV261C	P206B 排液阀
35	HV262A	P219A 进口阀
36	HV262B	P219A 出口阀
37	HV262C	P219A 排液阀
38	HV263A	P219B 进口阀
39	HV263B	P219B 出口阀
40	HV263C	P219B 排液阀
41	HV264A	P215A 进口阀
42	HV264B	P215A 出口阀
43	HV264C	P215A 排液阀
44	HV265A	P215B 进口阀
45	HV265B	P215B 出口阀
46	HV265C	P215B 排液阀
47	HV220	E208 排气阀

续表

序号	位号	作用
48	HV221	E206 排气阀
49	HV222	E211 排气阀
50	HV223	E217 排气阀
51	HV240A	E208 冷却水进口阀
52	HV240B	E208 冷却水出口阀
53	HV241A	E211 冷却水进口阀
54	HV241B	E211 冷却水出口阀
55	HV250A	E217 加热蒸汽进口阀
56	HV210	E217 疏水阀
57	HV210A	E217 疏水阀前截止阀
58	HV210B	E217 疏水阀后截止阀
59	HV210C	E217 疏水阀旁路阀
60	JV201	R201 至 C102 管线阀门
61	JV202	V205 催化剂进口阀门
62	JV203	V205 工艺水进口阀门
63	JV204	P105 至 R201 管线阀门
64	JV205	工艺水至 R202 管线阀门
65	JV206	新鲜碱至 R202 管线阀门
66	JV207	工艺水至 S218 管线阀门
67	JV210	N_2 至 R201 氮气置换阀门（常闭）
68	JV212	C211 氮气置换氮气出口阀门（常闭）
69	JV213	R201 至停车物料收集池
70	JV214	R202 至停车物料收集池
71	FPV292	循环碱流量控制阀
72	FV292A	循环碱流量控制阀前截止阀
73	FV292B	循环碱流量控制阀后截止阀
74	FV292C	循环碱流量控制旁路阀
75	HV280	R202 至 S218 管线阀门
76	JV215	P215 至界外阀门
77	JV216	P313 至 R202 阀门
78	JV217	S101 至 C211 的阀门
79	PSV293	P206A 安全阀
80	PSV294	P206B 安全阀
81	JV218	C211 停车物料管线
82	JV219	E206 来自界外的工艺水阀门
83	XPV261	氮气联锁阀门
84	XPV211	LSL292 联锁阀门（对应 LIC291）

3. 烷精馏单元

序号	位号	作用
1	LV291	S301流量控制阀
2	LV291A	S301流量控制阀前截止阀
3	LV291B	S301流量控制阀后截止阀
4	LV291C	S301流量控制阀旁路阀
5	PV301	S301压力控制阀
6	PV301A	S301压力控制阀前截止阀
7	PV301B	S301压力控制阀后截止阀
8	PV301C	S301压力控制阀旁路阀
9	LV302	S301液位控制阀
10	LV302A	S301液位控制阀前截止阀
11	LV302B	S301液位控制阀后截止阀
12	LV302C	S301液位控制阀旁路阀
13	FV302	E301加热蒸汽流量控制阀
14	FV302A	E301蒸汽流量控制阀前截止阀
15	FV302B	E301蒸汽流量控制阀后截止阀
16	FV302C	E301蒸汽流量控制阀旁路阀
17	HV321	E301排气阀
18	HV311	E301疏水阀
19	HV311A	E301疏水阀阀前截止阀
20	HV311B	E301疏水阀阀后截止阀
21	HV311C	E301疏水阀旁路阀
22	FV303	C301塔顶回流量控制阀
23	FV303A	C301塔顶回流量控制阀前截止阀
24	FV303B	C301塔顶回流量控制阀后截止阀
25	FV303C	C301塔顶回流量控制旁路阀
26	LV305	C302进料控制阀
27	LV305A	C302进料控制阀前截止阀
28	LV305B	C302进料控制阀后截止阀
29	LV305C	C302进料控制旁路阀
30	PV305	C301塔顶压力控制阀
31	PV305A	C301塔顶压力控制阀前截止阀
32	PV305B	C301塔顶压力控制阀后截止阀
33	PV305C	C301塔顶压力控制旁路阀
34	HV322	E302排气阀
35	FV305	C302塔顶回流量控制阀
36	FV305A	C302塔顶回流量控制阀前截止阀
37	FV305B	C302塔顶回流量控制阀后截止阀
38	FV305C	C302塔顶回流量控制旁路阀
39	LV308	C302塔釜液位控制阀
40	LV308A	C302塔釜液位控制阀前截止阀

续表

序号	位号	作用
41	LV308B	C302 塔釜液位控制阀后截止阀
42	LV308C	C302 塔釜液位控制旁路阀
43	LV307	E302 壳程液位控制阀
44	LV307A	E302 壳程液位控制阀前截止阀
45	LV307B	E302 壳程液位控制阀后截止阀
46	LV307C	E302 壳程液位控制旁路阀
47	HV360A	P301A 入口阀
48	HV360B	P301A 出口阀
49	HV361A	P301B 入口阀
50	HV361B	P301B 出口阀
51	HV360C	P301A 排液阀
52	HV361C	P301B 排液阀
53	LV327	V301 液位控制阀
54	LV327A	V301 液位控制阀前截止阀
55	LV327B	V301 液位控制阀后截止阀
56	LV327C	V301 液位控制旁路阀
57	HV362A	P308 进口阀
58	HV362B	P308 出口阀
59	HV362C	P308 排液阀
60	HV323	E303 排气阀
61	PV309	E303 压力控制阀
62	PV309A	E303 压力控制阀前截止阀
63	PV309B	E303 压力控制阀后截止阀
64	PV309C	E303 压力控制旁路阀
65	TV327	E304 管程进料温度控制阀
66	TV327A	E304 进料温度控制阀前截止阀
67	TV327B	E304 进料温度控制阀后截止阀
68	TV327C	E304 进料温度控制旁路阀
69	HV312C	E304 疏水阀旁路阀
70	HV312	E304 疏水阀
71	HV312A	E304 疏水阀前截止阀
72	HV312B	E304 疏水阀后截止阀
73	HV324	E304 排气阀
74	HV363B	P302 出口阀
75	HV363A	P302 进口阀
76	HV363C	P302 排液阀
77	HV364B	P309 出口阀
78	HV364A	P309 进口阀
79	HV364C	P309 排液阀
80	HV365B	P305 出口阀

续表

序号	位号	作用
81	HV365A	P305 进口阀
82	HV365C	P305 排液阀
83	FV354	P309 出口流量控制阀
84	FV354A	P309 出口流量控制阀前截止阀
85	FV354B	P309 出口流量控制阀后截止阀
86	FV354C	P309 出口流量控制旁路阀
87	LV329	C303 小塔液位控制阀
88	LV329A	C303 小塔液位控制阀前截止阀
89	LV329B	C303 小塔液位控制阀后截止阀
90	LV329C	C303 小塔液位控制旁路阀
91	HV325	E305 排气阀
92	HV341B	E305 冷却水出口阀
93	LV354	V302 液位控制阀
94	LV354A	V302 液位控制阀前截止阀
95	LV354B	V302 液位控制阀后截止阀
96	LV354C	V302 液位控制旁路阀
97	HV366B	P311 出口阀
98	HV366A	P311 进口阀
99	HV366C	P311 排液阀
100	PV361	E306 壳程压力控制阀
101	PV361A	E306 壳程压力控制阀前截止阀
102	PV361B	E306 壳程压力控制阀后截止阀
103	PV361C	E306 壳程压力控制旁路阀
104	HV326	E306 排气阀
105	HV341A	E306 冷却水进口阀
106	HV342A	K301 冷却水进口阀
107	HV342B	K301 冷却水出口阀
108	FV351	NaOH 进料流量控制
109	FV351A	NaOH 进料流量控制阀前截止阀
110	FV351B	NaOH 进料流量控制阀后截止阀
111	FV351C	NaOH 进料流量控制旁路阀
112	FV352	V311 进料流量控制阀
113	FV352A	V311 进料流量控制阀旁路
114	FV352B	V311 进料流量控制阀后截止阀
115	FV352C	V311 进料流量控制旁路阀
116	LV351	V312 液位控制阀
117	LV351A	V312 液位控制阀前截止阀
118	LV351B	V312 液位控制阀后截止阀
119	LV351C	V312 液位控制旁路阀
120	HV367A	P312 进口阀

续表

序号	位号	作用
121	HV367B	P312 出口阀
122	HV367C	P312 排液阀
123	FV361	C312 塔顶进料流量控制阀
124	FV361A	C312 塔顶进料流量控制阀前截止阀
125	FV361B	C312 塔顶进料流量控制阀后截止阀
126	FV361C	C312 塔顶进料流量控制旁路
127	LLV352	C312 塔底相界面量控制阀
128	LLV352A	C312 塔底相界面量控制阀前截止阀
129	LLV352B	C312 塔底相界面量控制阀后截止阀
130	LLV352C	C312 塔底相界面量控制旁路阀
131	HV368A	P313A 入口阀
132	HV368B	P313A 出口阀
133	HV369A	P313B 入口阀
134	HV369B	P313B 出口阀
135	HV368C	P313A 排液阀
136	HV369C	P313B 排液阀
137	FV326	P301 出口流量调节
138	FV326A	P301 出口流量调节阀前截止阀
139	FV326B	P301 出口流量调节阀后截止阀
140	FV326C	P301 出口流量调节旁路阀
141	JV301	P305 至 C101 管线阀门
142	HV330	K301 至 V302 管线阀门
143	JV304	C111 至 V312 管线阀门
144	HV333	K301 的前阀
145	JV307	C303 中来自皂化系统管线阀门
146	JV308	V302 至界外管线阀门
147	JV309	K301 至 C111 管线阀门
148	JV311	N_2 至 S301 的管线阀门
149	JV312	P5607 至 V312 的管线阀门
150	JV314	界外至 P313 的管线阀门
151	JV315	N_2 至 C301 的管线阀门
152	HV33	V302 至 V301 的管线阀门
153	JV317	N_2 至 C303 的管线阀门
154	JV318	N_2 至 C302 的管线阀门
155	HPV332	C303 小塔釜 P302 后至 V302 管线阀门
156	JV319	S303 的氮气出口阀
157	XEV301	TSL301 的联锁阀门（C303 小塔釜 P302 后至 V302 管线上）
158	FEV302	PSH306 联锁阀门（对应 FIC302）
159	FEV326	PSH306 联锁阀门（对应 FIC326）
160	LEV329	TSL301 的联锁阀门（对应 LIC329）
161	PSV323	S301 罐安全阀
162	PSV374	C301 塔安全阀

4. 酮精制单元

序号	位号	作用
1	FV401	E401 加热蒸汽流量控制阀
2	FV401A	E401 加热蒸汽流量控制阀前截止阀
3	FV401B	E401 加热蒸汽流量控制阀后截止阀
4	FV401C	E401 加热蒸汽流量控制旁路阀
5	HV420	E401 排气阀
6	HV410	E401 疏水阀
7	HV410A	E401 疏水阀前截止阀
8	HV410B	E401 疏水阀后截止阀
9	HV410C	E401 疏水阀旁路阀
10	HV440A	T402 冷却水进口阀
11	HV440B	T402 冷却水出口阀
12	FV412	P402 出口流量控制阀
13	FV412A	P402 出口流量控制阀前截止阀
14	FV412B	P402 出口流量控制阀后截止阀
15	FV412C	P402 出口流量控制旁路阀
16	HV460A	P402 进口阀
17	HV460B	P402 出口阀
18	HV460C	P402 排液阀
19	HV461A	P406 进口阀
20	HV461B	P406 出口阀
21	HV461C	P406 排液阀
22	JV401	C401 中来自 C312 阀门
23	JV402	来自脱氢单元的阀门
24	JV403	至皂化冷凝器管线阀门
25	JV404	P402 至 T402 管线阀门
26	JV407	C401 塔釜泄液阀门
27	HV450A	E402 蒸汽进口阀
28	LV411	E402 壳程液位控制阀
29	LV411A	E402 壳程液位控制阀前截止阀
30	LV411B	E402 壳程液位控制阀后截止阀
31	LV411C	E402 壳程液位控制阀旁路阀
32	HV421	E402 排气阀
33	FV402	C402 进料流量控制阀
34	FV402A	C402 进料流量控制阀前截止阀
35	FV402B	C402 进料流量控制阀后截止阀
36	FV402C	C402 进料流量控制旁路阀
37	LV403	V401 液位控制阀
38	LV403A	V401 液位控制阀前截止阀
39	LV403B	V401 液位控制阀后截止阀
40	LV403C	V401 液位控制旁路阀

续表

序号	位号	作用
41	HV462A	P404 进口阀
42	HV462B	P404 出口阀
43	HV462C	P404 排液阀
44	HV463A	P405A 入口阀
45	HV463B	P405A 出口阀
46	HV463C	P405A 排液阀
47	HV464A	P405B 入口阀
48	HV464B	P405B 出口阀
49	HV464C	P405B 排液阀
50	FV406	P405 出口流量控制阀
51	FV406A	P405 出口流量控制阀前截止阀
52	FV406B	P405 出口流量控制阀后截止阀
53	FV406C	P405 出口流量控制旁路阀
54	HV441B	E403 冷却水出口阀
55	HV422	E403 排气阀
56	HV441A	E404 冷却水进口阀
57	HV423	E404 排气阀
58	PV406	C402 塔顶压力控制阀
59	PV406A	C402 塔顶压力控制阀前截止阀
60	PV406B	C402 塔顶压力控制阀后截止阀
61	PV406C	C402 塔顶压力控制旁路阀
62	LV407	C402 塔底液位控制阀
63	LV407A	C402 塔底液位控制阀前截止阀
64	LV407B	C402 塔底液位控制阀后截止阀
65	LV407C	C402 塔底液位控制旁路阀
66	JV408	C402 塔底泄液阀
67	FV426	E406 加热蒸汽流量控制阀
68	FV426A	E406 加热蒸汽流量控制阀前截止阀
69	FV426B	E406 加热蒸汽流量控制阀后截止阀
70	FV426C	E406 加热蒸汽流量控制旁路阀
71	HV424	E406 排气阀
72	HV411	E406 疏水阀
73	HV411A	E406 疏水阀前截止阀
74	HV411B	E406 疏水阀后截止阀
75	HV411C	E406 疏水阀旁路阀
76	HV465A	P407 进口阀
77	HV465B	P407 出口阀
78	HV465C	P407 排液阀
79	FV427	P407 出口流量控制阀
80	FV427A	P407 出口流量控制阀前截止阀

续表

序号	位号	作用
81	FV427B	P407 出口流量控制阀后截止阀
82	FV427C	P407 出口流量控制旁路阀
83	FV428	C403 塔顶回流流量控制阀
84	FV428A	C403 回流流量控制阀前截止阀
85	FV428B	C403 回流流量控制阀后截止阀
86	FV428C	C403 回流流量控制旁路阀
87	HV442B	E407 冷却水出口阀
88	HV425	E407 排气阀
89	HV442A	E408 冷却水进口阀
90	HV426	E408 排气阀
91	HV466A	P408 进口阀
92	HV466B	P408 出口阀
93	HV466C	P408 排液阀
94	LV429	V402 液位控制阀
95	LV429A	V402 液位控制阀前截止阀
96	LV429B	V402 液位控制阀后截止阀
97	LV429C	V402 液位控制旁路阀
98	TV422	E411 出料温度控制阀
99	TV422A	E411 出料温度控制阀前截止阀
100	TV422B	E411 出料温度控制阀后截止阀
101	TV422C	E411 出料温度控制旁路阀
102	HV427	E411 排气阀
103	HV443A	E411 冷却水进口阀
104	PV426	C403 塔顶压力控制阀
105	PV426A	C403 塔顶压力控制阀前截止阀
106	PV426B	C403 塔顶压力控制阀后截止阀
107	PV426C	C403 塔顶压力控制旁路阀
108	JV405	T403 排液阀
109	JV409	C403 塔釜排液阀
110	FV403	C404 中来自 S5905 的物料
111	PV452	E412 加热蒸汽压力控制阀
112	PV452A	E412 加热蒸汽压力控制阀前截止阀
113	PV452B	E412 加热蒸汽压力控制阀后截止阀
114	PV452C	E412 加热蒸汽压力控制旁路阀
115	HV428	E412 排气阀
116	HV412	E412 疏水阀
117	HV412A	E412 疏水阀前截止阀
118	HV412B	E412 疏水阀后截止阀
119	HV412C	E412 疏水阀旁路阀
120	HV467A	P410 进口阀

续表

序号	位号	作用
121	HV467B	P410 出口阀
122	HV467C	P410 排液阀
123	LV452	C404 塔底液位控制阀
124	LV452A	C404 塔底液位控制阀前截止阀
125	LV452B	C404 塔底液位控制阀后截止阀
126	LV452C	C404 塔底液位控制旁路阀
127	FV405	C404 回流量控制阀
128	FV405A	C404 回流量控制阀前截止阀
129	FV405B	C404 回流量控制阀后截止阀
130	FV405C	C404 回流量控制旁路阀
131	HV468A	P411A 入口截止阀
132	HV468B	P411A 出口截止阀
133	HV468C	P411A 排液阀
134	HV469A	P411B 入口截止阀
135	HV469B	P411B 出口截止阀
136	HV469C	P411B 排液阀
137	LV455	V403 液位控制阀
138	LV455A	V403 液位控制阀前截止阀
139	LV455B	V403 液位控制阀后截止阀
140	LV455C	V403 液位控制旁路阀
141	HV444B	E413 冷却水出口阀
142	HV430	E413 排气阀
143	HV444A	E414 冷却水进口阀
144	HV429	E414 排气阀
145	PV451	C404 塔顶压力控制阀
146	PV451A	C404 塔顶压力控制阀前截止阀
147	PV451B	C404 塔顶压力控制阀后截止阀
148	PV451C	C404 塔顶压力控制旁路阀
149	JV406	T404 排液阀
150	JV410	C404 塔釜泄液阀
151	HV451A	X401 蒸汽进口阀
152	HV451B	X401 系统冷凝器冷凝液出口阀
153	HV445A	X401 系统冷凝器冷却水进口
154	HV445B	X401 系统冷凝器冷却水出口
155	HV431	X401 系统冷凝器排气阀
156	HV452A	X402 系统一级喷射泵蒸汽进口阀
157	HV452B	X402 系统一级冷凝器冷凝液出口阀
158	HV453A	X402 系统二级喷射泵蒸汽进口阀
159	HV453B	X402 系统二级冷凝器冷凝液出口阀
160	HV446A	X402 系统一级冷凝器冷却水进口

续表

序号	位号	作用
161	HV446B	X402系统二级冷凝器冷却水出口
162	HV432	X402系统一级冷凝器排气阀
163	HV433	X402系统二级冷凝器排气阀
164	HV454A	X403系统一级喷射泵蒸汽进口阀
165	HV454B	X403系统一级冷凝器冷凝液出口阀
166	HV455A	X403系统二级喷射泵蒸汽进口阀
167	HV455B	X403系统二级冷凝器冷凝液出口阀
168	HV447A	X403系统一级冷凝器冷却水进口
169	HV447B	X403系统二级冷凝器冷却水出口
170	HV434	X403系统一级冷凝器排气阀
171	HV435	X403系统二级冷凝器排气阀
172	JV411	C401氮气进口阀门
173	JV412	C401氮气出口阀门
174	JV413	C402氮气进口阀门
175	JV414	C402氮气出口阀门
176	JV415	C403氮气进口阀门
177	JV416	C403氮气出口阀门
178	JV417	C404氮气进口阀门
179	JV418	C404氮气出口阀门
180	FEV426	PSH431联锁阀门（对应FIC426）
181	FEV427	PSH431联锁阀门（对应FIC427）

参 考 文 献

[1] 姚玉英主编. 化工原理. 北京：化学工业出版社，2000.
[2] 陆美娟，张浩勤. 化工原理. 第2版. 北京：化学工业出版社，2006.
[3] 蒋维钧，余立新. 化工原理. 北京：清华大学出版社，2005.
[4] 蔡尔辅. 石油化工管道设计. 北京：化学工业出版社，2002.
[5] 中国石化集团上海工程有限公司编. 化工工艺设计手册. 第3版. 北京：化学工业出版社，2003.
[6] 冷士良，陆清等. 化工单元过程及操作. 北京：化学工业出版社，2007.
[7] 叶昭驹主编. 化工自动化基础. 北京：化学工业出版社，1984.
[8] 杨祖容主编. 化工原理. 北京：化学工业出版社，2004.
[9] 柴诚敬，张国亮. 化工流体流动与传热. 北京：化学工业出版社，2000.
[10] 汤金石，赵锦全. 化工过程及设备. 北京：化学工业出版社，1996.
[11] 王国栋等. 化工原理. 吉林：吉林人民出版社，1994.
[12] 大连理工大学. 化工原理. 北京：高等教育出版社，2002.
[13] 陈敏恒等. 化工原理. 北京：化学工业出版社，1999.
[14] 陈性永. 操作工. 北京：化学工业出版社，1999.
[15] 丛德滋，方图南. 化工原理示例与练习. 上海：华东化工学院出版社，1992.
[16] 陈裕清. 化工原理. 上海：上海交通大学出版社，2000.
[17] 周志安，尹华杰，魏新利编. 化工设备设计基础. 北京：化学工业出版社，1996.
[18] 王绍良主编. 化工设备基础. 北京：化学工业出版社，2004.
[19] 陈敏恒等. 化工原理教与学. 北京：化学工业出版社，1996.
[20] 李德华. 化学工程基础. 北京：化学工业出版社，1999.
[21] 张弓编. 化工原理. 第2版. 北京：化学工业出版社，2000.
[22] 王忠厚，王少辉. 化工原理. 北京：中国轻工业出版社，1995.
[23] 陈常贵等编. 化工原理：下册. 天津：天津大学出版社，1996.
[24] 刘盛宾. 化工基础. 北京：化学工业出版社，1999.
[25] 刘凡清. 固液分离与工业水处理. 北京：中国石化出版社，2000.
[26] 张国俊等. 化工原理800例. 北京：国防工业出版社，2005.
[27] GB 150—1998 钢制压力容器.
[28] 郑津洋，董其伍，桑芝富主编. 过程设备设计. 北京：化学工业出版社，2001.
[29] 卓振主编. 化工容器及设备. 北京：中国石化出版社，1998.
[30] 侯文顺. 化工设计概论. 北京：化学工业出版社，2005.